为人处世，皆有妙法。

邢群麟 编著

# 会做事你就赢了

吉林出版集团股份有限公司

图书在版编目（CIP）数据

会做事你就赢了 / 邢群麟编著 . -- 长春 : 吉林出版集团股份有限公司, 2018.12

ISBN 978-7-5581-6016-5

Ⅰ . ①会… Ⅱ . ①邢… Ⅲ . ①成功心理 – 通俗读物
Ⅳ . ① B848.4-49

中国版本图书馆 CIP 数据核字（2018）第 266320 号

HUI ZUOSHI NI JIU YING LE
会做事你就赢了

编　　著：邢群麟
出版策划：孙　昶
责任编辑：杨　蕊　王　媛
装帧设计：韩立强
出　　版：吉林出版集团股份有限公司
　　　　　（长春市福祉大路 5788 号，邮政编码：130118）
发　　行：吉林出版集团译文图书经营有限公司
　　　　　（ http: //shop34896900.taobao.com ）
电　　话：总编办 0431-81629909　营销部 0431-81629880 / 81629900
印　　刷：天津海德伟业印务有限公司
开　　本：880mm×1230mm　　1 /32
印　　张：6
字　　数：146 千字
版　　次：2018 年 12 月第 1 版
印　　次：2021 年 5 月第 3 次印刷
书　　号：ISBN 978-7-5581-6016-5
定　　价：32.00 元

印装错误请与承印厂联系　　电话：022-82638777

# 前言

　　人不是万能的，知识、能力、财富都是有限的，所以求人办事是家常便饭。尤其在当今社会，竞争日趋激烈，每个人都承受着生活所带来的巨大压力，都强烈地渴望事业的成功与辉煌，生活的幸福与美满。这个社会讲究"能干的不如会干的"。这种时候求人办事的作用就日益凸现出来了。可就是有人四处碰壁，一无所获，终生默默无闻；相反，有的人却如鱼得水，一帆风顺。

　　所以，面对着这个纷繁复杂的社会和各种各样意想不到的事情，我们如何才能够处理好方方面面的关系，把我们想要办的事情办得顺顺当当，合情合理呢？为了很好地解答读者心中的疑惑，本书从办事的基本功、办事的技巧、办事的绝招、办事的能力、办事的艺术五个方面全面而详细地介绍了各种各样的办事手段和技巧，并且通过一些生动而有趣的案例介绍了那些会办事的聪明人是通过什么样的方法和智慧最终达成了自己办事的目的以及他们所能够给予人们的启迪。

　　无数事实证明，很多与成功失之交臂的人，并非缺乏成功的智慧和勇气，而是在办事上没有找到正确的方法，不能从容地办事。而那些成就了一番事业的人，他们也未必都是天生的强者，只是他们善于掌握与各种类型的人办事的艺术，能够做到办什么样的事用什么样的方法，处处做得滴水不漏，不给别人挑毛病的机会。

毫无疑问，这其中有一种深邃的人生智慧，这种智慧使我们的生活和事业充满了激情和希望，而要掌握这种智慧，向那些会办事的聪明人学习是一种简单而可行的方法，本书为所有的读者提供一个这样的平台，详细地展示了那些会办事的聪明人的方法和技巧。

的确，一个人能不能在社会上站得住、行得开，重要一点是看会不会办事。会办事的人做起事来顺风顺水，能够把各种各样的事情办得圆圆满满，让人满意，也能够让他人心甘情愿地和他共事。因此，会办事的人人生事业一马平川，容易取得不一般的成功。

# 目录

**第一章　谋事在人——志存高远也要登高望远**

目录

# 第一章
# 谋事在人
## ——志存高远也要登高望远

## 成大事者当有大器量

俗话说：人至察则无徒。做人还是应心胸豁达，不可过于较真。哪怕是众人眼里的恶人、小人、屈节之人，也要敢于拿来为我所用。这些人用之得法，都会发挥出巨大的作用。那么对他们身上的一些问题和缺点，何不睁只眼闭只眼呢？

春秋名将吴起，虽具才华，却趋名好利，是个十足的名利狂，为得名利，不惜使用卑劣手段。吴起到鲁国请率大军攻齐，却因妻子为齐国人而受到怀疑，于是吴起愤然杀妻，后遭鲁臣嫉妒，被削掉了兵权。

吴起本想用妻子的性命来换取自己的辉煌前程，不想在号称"礼仪之邦"的鲁国栽了跟头。不仅白白搭上了妻子的性命，而且弄得声名狼藉，彻底堵死了自己仕进的道路。他听说三晋之中，魏文侯最贤明，便跑到魏国，结识了魏国大臣翟璜，请求翟璜将他引荐给魏文侯。这时，魏国的西部边境西河一带与秦国接壤，连年受到秦军的侵扰，魏文侯正在物色能守卫西河之人。翟璜便向魏文侯推荐吴起。

魏文侯不放心，又征求相国李悝的意见。他问李悝："吴起是个什么样的人呀？"李悝说："吴起贪婪，而且好色，但在用兵打仗方面，是一个杰出的人才。"

魏文侯立即召见吴起，听吴起畅谈其治军用兵之策，大有相见恨晚之感，于是毅然拜吴起为将，令他率军去抵御秦军的进犯。吴起再显身手，不仅击退了秦军的进犯，还大举反攻，一气攻占了秦国五座城邑。之后，吴起又与魏国名将乐羊一道远征中山国，历时三年，终于灭掉中山，使魏国威名大震。鉴于吴起的军事才能与赫赫战功，魏文侯任命吴起为西河守，让他肩负起了防御魏国西部边境的重任。

宋代的杜衍曾经说过："如今当权在位的人，大多数喜欢指责别人小事的过失，这样做实在是不宽恕的行为。"杜衍从做知州的长官到安抚官员，从来没有斥责一位官员。对那些不称职的官员，就让他们干一些实际的事，不让他们闲下来养成懒惰的习惯；对那些行为不谨慎的官员，用不谨慎会导致祸患的道理教育他们，不一定要以法惩罚他们。

人非圣贤，孰能无过？所以还应放开胸怀，接纳他们。

康熙二十年（1681），康熙以"海氛一日不清，民生一日不宁"，"台湾不平，则沿海兵民弗获休息"为由，又一次力排众议，决策进军台湾。

当年七月，康熙起用原属台湾郑芝龙降将、留于身旁13年的汉人大臣施琅，为福建水师提督。用台湾降将收复台湾，康熙就不怕施琅三心二意吗？康熙可不糊涂。施琅赴任前，康熙特在内廷召见，又于瀛台赐宴，殷切嘱咐了一番，希望他不要辜负自己的希望，一定要把台湾收复。

第二年，因指挥意见分歧，施琅首次进军受挫。康熙毫不犹豫，当机立断，特别恩准施琅"独立肩任，直入海岛"的请求，将指挥权完全交给了他，显示了宽广的胸襟。

施琅不负康熙所望，经过一年的准备，于康熙二十二年

3

（1683）六月十四日，率战舰300余艘直驶澎湖。十六日，两军交战。施琅身先士卒，左目被火器所伤。十七日，施琅回师休整5天，严申军令，查定功罪，赏罚官兵，并重新进行了兵力部署。

二十二日，两军决战。清军水师焚毁击沉敌舰200余艘，击毙将军以下军官300余员，歼灭敌军12000余人，一举攻占了澎湖列岛。郑军主力尽失，无力再战，被迫请降。施琅不负康熙所望，一举攻下台湾。

## 思路决定出路，眼界决定境界

思路决定出路，眼界决定境界。只有始终保持一个广阔的视野，脑子能不断装进新东西，才能最终成就事业，立于不败之地。

西汉高祖十一年（前196），中大夫贲赫上书告淮南王黥布谋反。高祖派人查验有据，召集诸侯问道："黥布反了，怎么办？"众诸侯都回答说："发兵将他小子坑了，还能怎么办！"汝阴侯胜公私下问其士客薛公说："皇上分地封他为王，赐爵让他尊贵，面南而称万乘之主，他为什么谋反呢？"薛公说："他应该反！皇上前年杀彭越，去年诛韩信，黥布与此二人同功一体，自认为祸将及身，所以谋反。"胜公对高祖说："我的门客薛公，其人有韬略，可以问他。"高祖于是召见薛公，求问对策。

薛公为高祖分析形势，他说："黥布谋反并不奇怪。黥布有三计，如果用上计，山东之地就不是汉朝的了，用中计，则胜负难测，用下计，陛下可以安枕而卧。"高祖问："上计怎么讲？"薛公说："东取吴，西取楚，北取齐鲁，传檄燕、赵，然后固守，山东之地即非汉所有。"又问："中计怎么讲？"薛公说："东取吴，西取楚，并韩取魏，据敖仓之粟，塞成皋之险，则胜负难测。"又问："下计呢？"回答说："东取荆，西取下蔡，以越为后方，自己守长沙，则陛下可以安枕而卧，汉朝无事。"高祖说："那黥布会用哪一计？"薛公说："黥布以前是骊山的役徒，而今为万乘之君，他只会保身，不会为天下百姓考虑，所以会用下计。"高祖说："好！"于是封薛公千户，亲自领兵东击黥布。

果然，黥布用薛公说的下计，东击荆，荆王刘贾死于富陵（今江苏洪泽县西北），劫其兵，渡淮水击楚，大败楚军，然后西进。与高祖兵在蕲（今河南淮阳县）相遇，汉兵击破黥布军，黥布渡淮水而逃，后与百余人逃至江南，被人杀死。

薛公虽然是把黥布看扁了，但他看得很准。黥布的确胸怀不大，鼠目寸光，手下又没有出色的谋士，成不了什么大事。

人们常说："思路决定出路，眼界决定境界。"这话不假。想让自己的事业更上一层楼，就要站在更高的地方，多看，多听，多接触新事物。不换脑筋，就会被淘汰，在这个飞速发展的时代，绝不是危言耸听。

1993 年的时候，新希望集团的刘永好与大邱庄的禹作敏曾有过多次接触。一次禹作敏问："永好啊，我不懂，你在全国办那么多厂，你是怎么管理的？我在外地办工厂都亏损……"刘永好说："我没调查，还说不好，我需要看一看。"

回来之后，刘永好最基本的感受就是：禹作敏在大邱庄待得太久了，所以他在中央电视台讲大邱庄是世界上最好的地方，他说大邱庄的小伙子要娶美国的媳妇，他讲大邱庄的农业已经超过了美国……这就是他走向失败的根本点——眼界太小，成为坐井观天的青蛙。

山外有山，楼外有楼。不管你现在是不名一文，还是富可敌国，你都要看到世界上比你强的还有很多。只有始终保持一个广阔的视野，脑子能不断装进新的东西，才能最终成就事业，立于不败之地。

## 看清目标再出发

爱佛、信佛的人都知道这样一个故事：一位行者在旅途中口渴了，便到一座庙宇讨水喝。庙宇中的一位老者问道："您从哪里来？"行者说："我从来处来。"老者又问："您到哪里去？"行者回答说："我到去处去。"这样的回答，简单而又睿智。

在人生的旅途中，你是不是也应该经常问问自己："你到哪里去？"回答是肯定的。因为，做事必须要有个目标。

20世纪30年代，美国陷入了严重的经济危机之中，希尔顿连同他的饭店一起陷入了困境：营业额持续下降，入不敷出，债主不断催债。有一天，希尔顿偶然看到了沃尔多夫饭店的照片：6个厨房、200名厨师、500名服务生、2000间客房，还有附属私人医院与位于地下室旁边的私人铁路。他将这张照片剪了下来，并在上面写下了"世界之最"四个字。之后，希尔顿走到哪里就把这张照片带到哪里。最先，照片放在皮夹里，当他再度有了办公桌后，又把它放到了玻璃板的下面。18年后，也就是1949年10月，希尔顿买下了沃尔多夫饭店。

拥有并成为"世界之最"，是希尔顿能够走出困境，迈向成功的指路灯。

一个小孩子喜欢跟自己的爸爸比试谁跑得更快，结果每次都输了。

有一天，雪过天晴，父子俩又一次来到野外。小孩儿又向爸爸提出了比试的请求。但爸爸改变了主意，对他说："孩子，今天咱们不比谁跑得快，比谁走得直。看见前面那棵树了吧？我们都走到那里，谁的脚印直，就算谁赢。"孩子很高兴地答应了，他心里想："比谁跑得快，我肯定赢不了，没听说过哪个小孩能比大人跑得更快。但要比走得直，只要我专心致志，我一定能赢。"

爸爸很快就走到了那棵树下，而这个孩子却走得很慢、很耐心。当他终于走到树下的时候，他的脸上泛着红光，因为他坚信他一定赢了。

可当他迫不及待地转过身来的时候，失望笼罩了他的脸：他走出的脚印弯弯曲曲，而爸爸的却像一条直线。

望着孩子充满不解的脸，爸爸对他说："孩子，知道你为什么走不直吗？是因为你一直盯着脚下，而我一直盯着远处的树。"

孩子若有所思地跑回原处，盯着大树又走了一遍，他的脚印也成了一条笔直的线。

这就是目标的作用。有了目标，你奋斗的历程就是一条直线，没有了它，你就会走弯路。人生苦短，走弯路就等于浪费时间，蹉跎岁月，就要付出代价。在拥挤的人群中，一步落下，十步都赶不上，这是做人的常识。

实际上，这个小孩也有自己的目标：尽量走直。他比不过爸爸是因为他的目标不合理。拿破仑·希尔说："许多人埋头苦干，却不知所为何来，到头来发现追求成功的阶梯搭错了边，却为时已晚。"

可见，不合理的目标不可能指引出一条合理的路来。要制订出合理的人生目标，你就需要坚持科学的原则。

如何制订合理的做事目标？

其一，目标不要过大或过小。不是什么东西都是越大越好的，物极必反，目标过大，看起来感到遥不可及，你就会丧失前进的动力和信心。反过来，目标太小，太容易达到，很难激发你的潜能。

其二，目标要明确具体。模糊的目标很难引发出持续耐久的行动力，而且由于太过笼统，你很难找到实现目标的合理方式。故事中的小孩子就是这样。

其三，要有达成目标的明确期限。人无压力轻飘飘，没有明确的实现期限，很多机会就会在你不紧不慢地行动中悄悄流失，可能你的目标一辈子都实现不了。

## 会说也会做

说和做，是人生两大重要工作。光会说不会做，只是"思想上的巨人，行动上的矮子"；只会做不会说，只是一台工作机器。两者结合，是做人谋事的基础。

古时候，有个人很会贮藏柑橘，到了寒冬腊月，别人家的柑橘早都干的干，烂的烂，而他家的柑橘却新鲜如初。这样的柑橘拿到集市上，自然可以卖个不错的价钱。这个人也因此而大赚了一笔。可买了柑橘的人拿回去却发现，这样的柑橘只是外表上好看，而实际上内里的东西全都像破败的棉絮，根本不能吃了。

人们把这种柑橘称作"金玉其外，败絮其中"。

人世间有这样一个简单的道理：一个柑橘即使内里的果肉再好再甜，如果没有差不多的外表，绝对没有人会看上一眼的；同样，光有美丽的外表，却没有实实在在甘美的果肉，这样的柑橘人们也不会要。卖这种柑橘的人只能骗几个人，骗不了多数，这样的柑橘也只能卖一次，第二次绝对没人买。

做人也是一样，不管你肚子里有多少才学，说不出来，不会有人注意。于是常常有人"怀才不遇"，也常有人感叹"千里马常有而伯乐不常有"。现代人重视情商的培养，也说明了它的重要。但除了一张利嘴外，没有什么才干的人，更不可能有什么作为。

实际上，"说"和"做"的关系，就像是一棵大树的枝叶和主干，没有枝叶，主干难以成活，没有了主干，也就不存在枝叶。

说和做统一，就有了立身的基础。如果再具备以下八种素质，即可确保个人前程无忧：

一要有进取心与责任心。进取心是使个体具有目标指向性和适度活力的内部能源，认真而持久的工作是个体事业成功的前提。责任心强的人常能够审时度势选择适当的目标，并持久地、自信地追求这个目标。

二要有自信心。喜欢挑战、战胜失败、突破逆境是自信心强的特点。

三要有自我力量感。人的能力存在差别，但可以把成功和失败归结于努力水平的高低和工作方法的优劣。

四要有自我认识和自我调节能力。了解自己的优势和劣势，善于调节自己的生涯规划、学习时间等。

五要保持情绪稳定性。冷静、稳定的情绪状态为工作提供了基本条件。焦虑和抑郁会使人无端紧张、烦恼或无力，恐惧和急躁易使人忙中出乱。

六要有社会敏感性。对人际交往性质和发展趋势有洞察力和预见力，善于把握人际交往间的逻辑关系。乐于与人交往，能设身处地体察他人的感受。

七要有社会接纳性。在承认人人有差别和有不足的前提下接纳他人，社会接纳性是建立深厚的个人关系的基础。真诚表达出对他人及他人的言语感兴趣，认真倾听并注视对方。

八要有社会影响力。善于沟通和交流。具有自信心、幽默等对情感的感染力，仔细、镇静、沉着等对行为的影响力，仪表、身姿等对视觉的影响力，忠诚和正直等对道德品德的感染力。

## 做一个不简单的人

我们对成功人士的评论，最常用的一句话就是："这个人不简单。"事实上也是如此，能够获得成功的人处理问题也绝不流于简单。

武则天是中国历史上第一个女皇帝，也是仅有的一个女皇帝，其威名至今仍久传不衰。

武则天本是唐高宗的爱姬。公元 683 年，唐高宗因为头眩病复发而不治身亡。继位的唐中宗李旦品性庸懦，毫无主见，凡事都对母亲武则天言听计从，这样执政大权便渐渐落入了武则天的手中。她野心萌动，想要试试当女皇帝的滋味。

然而，在一个夫权为上的男性社会里，传统的男尊女卑的观念早已深入人心，要想撼动又谈何容易。无奈，她只好暂时挟持天子，做个挂名皇帝。然而即使这样，仍有不少大臣屡屡站出来劝谏，要武则天尽早把权力下放给挂牌皇帝李旦。大将军李敬业甚至召集十余万兵马，发誓要杀掉这个要篡夺大唐江山的女子。大文豪骆宾王也挥毫抒愤，写出了力透素纸、千古名扬的《讨武檄文》，追随李敬业麾下，兵败而不知所终。之后仍有绝州、表州、邢州、豫州等一大批刺史起兵讨武……

面对如此强大的传统观念的反对力量，武则天心里明白，虽然此时在朝中说句话她就能坐上皇帝的宝座，但众人不服，民心不稳，这样的女皇帝做也不会做长久，也可能碌碌无为，甚至在历史上留下恶名。于是，她放眼前途，决定费些时间大造声势，设法改变人们的观点，改变民众对女人，尤其对她这个不一般的女人的敌视态度。

首先，武则天表面上装作归政于李旦，暗地里却让李旦坚决推辞，而自己则好像是迫不得已才临朝，掌握皇权。

接着，她又让侄子武承嗣派人在石头上刻上"圣母临人，永昌帝业"八个大字，涂成红色，扔进洛水，再由雍州人唐同泰取来献给朝廷。武则天亲祭南郊，告慰神灵，称此石为天授，改洛水为昌水。封洛水神为显圣侯，给自己加号圣母神皇，封唐同泰为游击将军，并举行了声势浩大的拜洛受瑞仪式，使人以为她当皇帝乃是奉循上天的旨意的。

而后，她又暗使高僧法明杜撰了大云经四卷，遍送朝廷内外。大云经中在醒目的位置称武则天本是弥勒佛的尘世化生，理当代为唐朝主宰。武则天便令两京诸州官吏，使百姓大读特读，并专门建寺珍藏。

嫌此不足，又令侍御史傅游艺率关中的百姓900余人，来到朝廷上表，恳请武则天亲临帝位。武则天佯装不答应，却又马上把傅游艺提升为给事中。如此升官捷径，哪个不会效法？于是，百官宗戚，远近百姓。四夷酋长，沙门道士竞相仿效傅游艺，上表奏请武则天出山当皇帝。有一次上表人竟多达 6 万余人。

如此大造舆论，使民众都觉得武则天做皇帝已是上应天意下顺民心，势所必然。百官群臣也乐得顺水推舟，请求武则天应早日登位，就连空头皇帝李旦竟也认为自己这个皇帝是抢了母亲的位，亲自上表请求姓武。

时机成熟之后，武则天这才废了李旦的帝位，亲自登基为帝，反对者声息皆无，她这个皇帝也就坐稳了。

在一个男权社会里，武则天能够克服一切障碍登上至尊之位，确实不简单，其关键在于她善于运用迂回之术，用曲线的办法另辟蹊径。

在生活中，如何成为一个不简单的人？

其一，警惕简单主义。人生之路与车马大道最根本的区别在于：捷径不是笔直的那一条，更不是最短的路，而是最省时间最省力量的那条路。

其二，掌握迂回之术。军事斗争中，正面强攻与迂回包抄是获取胜利必不可少的两样东西，善于把兵法运用到生活和事业中的人，是毫无疑问的绝顶聪明者。

其三，思维多转几个弯。世界上最难改变的是人的观念和思维，和风细雨式的全面渗透比盯住一点穷追猛打往往更容易达成目标。

其四，学会多走弯路。多走一段路并不冤枉，至少你可以锻炼一下你的身体，丰富一下你的见识。

## 以改过为才能

人总是讨厌被批评，喜欢被赞赏。我们不仅是逻辑的动物，更是情绪的动物。所以当被人批评的时候，如果不及时提醒自己，还是会不假思索地采取防卫姿态，尤其是听到别人谈论我们的缺点时。

但是，杰出人士例外，他们有接受批评的雅量，也有审度利弊的理智。只要他相信对方是真诚的，哪怕批评并不正确，他们也会以感激之情接受。

有人对赵简子说："您为什么不改正过错呢？"

赵简子说："好的！"

侍从说："您并没有过错，改正什么呢？"

赵简子说："我说好的，不一定真的有过错，我是希望有人来直言规劝我。如果我拒绝这个叫我改过的人，就是拒绝直言规劝我的人，那么，直言规劝的人就一定不会来了，我的过失很快就会有了。"

别人的批评不正确，并不能给我们带来什么影响；我们对待批评的态度，却会对我们造成重大影响。这正是杰出人物欢迎别人批评的原因。

所以，听到别人谈论我们的缺点时，不要急于辩护。因为这是愚人的习惯做法。让我们放聪明一点，也更谦虚一点，我们可以气度恢宏地说："先听听他说什么吧，趁我这个缺点没有造成灾难之前让它死在这次谈话中吧！"这种对待批评的态度，大有裨益于自己。

人们因为面子而不敢承认错误。事实上，改过的道德勇气能使人的形象一下子变得高大起来。

有一次，师经弹琴伴奏，魏文侯合着节拍跳舞，边跳边唱："听我的话，不要违背我。"师经一听，马上拿起琴去撞击魏文侯，却没有击中人，只击中了帽子上悬垂的珠串。珠串被打散了。

魏文侯恼怒地问左右的人："做臣子的竟敢打他的主子，该当何罪？"

左右的人说："应该活活煮死。"

于是，侍从们拖着师经走下堂。才下一级台阶，师经说："我可以说一句话再死吗？"

魏文侯说："可以！"

师经说："从前，尧舜做君王，只担心他们讲的话没有人敢反对；桀纣做君王，只担心他们讲的话有人反对。现在，我打的是暴君桀纣，并没有打您。"

魏文侯惭愧地说："放了他吧！这是我的过错。把琴悬挂到城门口，作为我改过的符信；不要修补珠串，作为我的警戒。"

魏文侯当众承认了自己的错误，这无损于他的形象，反而更体现了他的伟人风范。

诗人惠特曼曾说："你以为只能向喜欢你、仰慕你、赞同你的人学习吗？从反对你的人、批评你的人那儿，不是可以得到更多的教训吗？"

从另一种角度来说，敢于承认错误并加以改正，也是某种程度上的自信。只有敢于不如人，才能胜于人。天外有天，楼外有楼，一个人怎能时时处处胜过所有的人呢？

每个人都有自己的优点与长处，也都有自己的缺点与短处，扬长避短才算机智，拿自己最不擅长的柔弱之处去硬碰别人修炼得最拿手的看家本领，其结果便可想而知。人会有各种潜能与优势，但你不可能在所有地方都有机会发挥出来，你只能在某个地方用足你的力气。而在你没有用力气的地方，在你无暇顾及的地方，你必然不如那些在这地方用足力气的人。你的精力有限，机遇也有限，因此，你胜人的地方肯定很少很少，而不如人的地方绝对很多很多。只有对这一点看明白了，你才有从容的心态听取别人的批评并用心改正，也才能真正地胜于人了。

## 看轻是非，看重结果

孔子曾说：君子对于天下的万事万物，并没有规定怎么样处理好，也没有规定怎么样处理不好，必须根据实际情况，只要合理恰当，就可以了。

有些人对事物的认识太过执着，是非观念太强。这不是成大事者的作风。成大事者依时而进，依势而动，是不会被头脑中固有的是非对错观念所左右的。

西汉末年王莽篡位，贪婪无度。统治秩序极其混乱，人民苦不堪言，绿林、赤眉两军适时打起反王旗帜，共图大业。但起义军内部不和，经常为权势而争斗不已。

公元23年，绿林军内部争权夺势，刘玄设计杀死了刘秀的哥哥。刘秀得知后，赶紧从外地奔回"请罪"。缄口不谈兄弟两人在昆阳大捷中的功绩，不为哥哥服丧，也不与哥哥的旧将交谈，在绿林众将面前言谈举止和原来一样，丝毫看不出悲伤的样子。这样，刘秀终于骗过了当时已被拥立为帝的刘玄和许多参与谋杀哥哥的将领的眼睛，保住性命并渐渐取得了他们的信任，以致后来刘玄还糊里糊涂地派他去河北进行扩展势力的重要工作。刘秀趁此良机在河北境内积极发展自己的势力，待羽翼成熟才拥兵自立，一举打败绿林军，杀了刘玄，自己当上了东汉的开国皇帝，这才有封建历史上的"光武中兴"。

丧兄之痛不可谓不大，但刘秀却能忍此大悲痛，强装笑颜。假使他当时心存是非之念，执着于对错之间，不隐亡兄之痛而发一夫之怒，非但不能为惨死的兄长报仇，反而会白白送去自己的一条性命。有时候，暗中积蓄力量，等待时机才是上上之策。

确实，人世间的事在大多数情况下是很难用对和错来简单区分的，合适与否，才是最为紧要的。

史载，平定"安史之乱"有功的郭子仪之子郭暖，娶了唐代宗李豫的女儿升平公主。一次，小夫妻发生口角，郭暖急不择言："你倚仗你父是天子吗？我父还嫌天子不做呢！"

听了这句大逆不道之言，升平公主哭着回宫告状。闻听此言，李豫劝女儿道："他父亲嫌天子不做是实情，若是不嫌，天下哪里还姓李！"

面对负荆请罪的郭氏父子，李豫安慰道："俗话说'不痴不聋，不做家翁'。小儿们拌嘴，哪里用得着听！"

唐代宗没有因为天子的光环而晕眩，而以清醒的头脑想透了怎样处理这件事才算恰当。假若李豫不能"糊涂一点"，而去追究郭暖的罪过，其结果就算丢不掉江山，也会失去爱婿，伤了功臣的心。

在我们身边，无论同事、邻里之间，还是萍水相逢之人，难免会产生摩擦，如若斤斤计较，患得患失，结果就会越想越气，伤害身体，激化矛盾。如果做到遇事"糊涂一点"，麻烦、恼火、损失自然就少得多。

很多事情，谁是谁非并不重要，重要的是问题能不能很好解决。所以，学会不分是非、实事求是地分析问题，用现实的眼光看待别人和世界，是提高思考能力最基本的态度。

## 不要在庸人面前过于出众

高明的人特别注意藏锋露拙。

这里所说要藏锋露拙，并非是要人埋没自己的才能，而是为了保护自己，不导致祸端，从而更好地发挥自己的才能和专长。追求卓越和超凡出众，本身是一种积极的人生态度。但一味孤芳自赏，无视周围环境，就会与人格格不入，招人厌恶。

战国末期韩国贵族韩非（约前286—前233）与吴起、商鞅的政治思想一致，著书立说，鼓吹社会变革。他的著作流传到秦国，被秦王嬴政（即后来的秦始皇）看到，极为赞赏，设法邀请他到秦国。但韩非才高招忌，入秦后，还未受到重用，就被李斯等人诬陷，屈死狱中。宏图未展身先死，这样纵使有满腹经纶又有何用？如果韩非不是招摇才华，而是谦卑抱朴，等待时机，或另待明主，或婉转上奏，使自己的政治抱负得以施展，相信他并非仅仅就是一个思想家，同时又会成为一代名臣巨相，而不会是一个悲剧人物。

有成语曰"锋芒毕露"。锋芒本是刀剑的尖端，它比喻显露出来的才干。古人认为，一个人若无锋芒，那就是提不起来，所以有锋芒是好事，是事业成功的基础，在适当的场合显露一下既有必要，也是应当。

然而，锋芒可以刺伤别人，也会刺伤自己，运用起来应小心翼翼，平时应插在剑鞘中。所谓物极必反，过分外露自己的才华只会导致自己的失败。尤其是做大事业的人，锋芒毕露既不能达到事业成功的目的，又会失去了身家性命。

所以，有才华的人应该隐而不露，该装糊涂时一定要装糊涂，伺机而动。

杜祁公有一个学生做县官，祁公告诫他说："你的才华和学问，当一个县官是不够你施展作为的。但你一定要积存隐蔽，不能露出锋芒，要以中庸之道治理县政，求得和谐安定，不这样的话，对做事没有好处，只会招惹祸端。"

他的学生说："你一生因为正直忠信被天下尊重，现在却教我这些是什么原因呢？"

杜祁公说："我为官多年，做了许多职位，对上被皇帝知道，对下又被朝廷的官员相信，所以能抒发志向。现在你当县令，什么事情都会发生，牵涉到上下官吏，那县令可不是好当的，如果你不被别人了解，你怎么能施展你的抱负呢？只会惹来灾祸罢了。这就是我要告诉你不方不圆，在中庸之道中求得和谐的这些话的原因啊！"

洪应明的《菜根谭》："矜名不若逃名趣，练事何如省事闲。"这句话的意思是说：一个喜欢夸耀自己名声的人，倒不如避讳自己的名声显得更高明；一个潜心研究事物的人，倒不如什么也不做来得更安闲。这正是"隐者高明，省事平安"之谓。

高明的人，他们能够防患于未然。不招风，不惹雨，使自己在错综复杂的社会里安身立命，善始善终。

古往今来，有不少智者、仁人，因为其才能出众，技艺超群，行为脱俗，招来别人的嫉妒、诬陷，甚至丢了性命。于是，避招风雨就成为一些高明的智者仁人从实践中总结出来的一种处世安身的应变策略。

三国时期，曹操的著名谋士荀攸，智慧超人，谋略过人，他辅佐曹操征张绣、擒吕布、战袁绍、定乌桓，为曹氏集团统一北方、建功立业，做出了重要的贡献。他在朝20余年，能够从容自如地处理政治漩涡中上下左右的复杂关系，在极其残酷的人事倾轧中，始终地位稳定，立于不败之地，就在于他能谨以安身，避招风雨。曹操有一段话形象而又精辟地反映了荀攸的这一特别的谋略："公达外愚内智，外怯内勇，外弱内强，不伐善，无施劳，智可及，愚不可及，虽颜子、宁武不能过也。"可见荀攸平时十分注意周围的环境，对内对外，对敌对己，迥然不同。参与军机，他智慧过人，连出妙策；迎战敌军，他奋勇当先，不屈不挠。但对曹操、对同僚，却不争高下，表现得总是很谦卑、文弱、愚钝、怯懦。

有一次，他的姑表兄弟辛韬曾问及他当年为曹操谋取袁绍冀州的情况，他却极力否认自己的谋略贡献，说自己什么也没有做。他为曹操"前后凡划奇策十二"，史家称赞他是"张良、陈平第二"，但他本人对自己的卓著功勋却是守口如瓶，讳莫如深，从不对他人说起。他与曹操相处20年，关系融洽，深受宠信，从来不见有人到曹操处进谗言加害于他，也没有一处得罪过曹操，使曹操不悦。建安十九年（214），荀攸在从征途中善终而死，曹操知道后痛哭流涕，说："孤与荀公达周游二十余年，无毫毛可非者。"并赞誉他为谦虚的君子和完美的贤人。这都是荀攸避招风雨，精于应变的结果。

避招风雨的应变策略，初看起来好像比较消极。其实，它并不是委曲求全，窝窝囊囊地做人，而是通过少惹是非，少生麻烦的方式，更好地展现自己的才华，发挥自己的特长。

# 第二章
## 把握时机

—— 做事找准关键，让你事半功倍

## 干事业要善抓机会

见缝插针比喻尽量利用一切可以利用的空间、时间或机会。

如果把"缝"看作是一种机遇的话，"见缝"就是要善于发现机遇，捕捉机遇，然后不失时机地"插针"，充分利用机遇，实施自己的宏伟蓝图。

在商业领域里，"见缝插针"一直是那些精明的生意人信奉的成功之道。

阿曼德·哈默博士生于美国纽约的布朗克斯，他的祖上是俄国犹太人，曾以造船为生，后因经济拮据，移居美国。

尽管如此，哈默仍然抓住机遇不放，向农药店售货的哥哥哈里借款，买下了这辆车，并用它为一家商店运送糖果。

两周以后，哈默不仅按时如数还清了哥哥的钱，自己还剩下了一辆车。

哈默的第一笔交易与后来相比根本不算什么，但当时这对他来说却属"巨额交易"。正是在这笔交易中，哈默发现了自己的竞争能力和独自开创赚钱途径的本领。

后来，阿曼德·哈默在经过漫长的旅途之后，风尘仆仆地抵达莫斯科。

哈默在苏联的考察中发现，这个国家地大物博、资源丰富，但人们却饿着肚子。

为什么不出口各种矿产品去换回粮食呢？哈默直接向列宁提出建议，并很快得到了列宁肯定的回答。

于是哈默取得了在苏联西伯利亚地区开采石棉矿的许可证，从而成为十月革命以后在苏联第一个取得矿山开采权的外国人。美国和苏联之间的易货贸易也由此开始。

后来，哈默博士通过他在莫斯科建立的美国联合公司，沟通了30多家美国公司同苏联做生意。

一个偶然的发现又使哈默产生了在苏联办铅笔厂的念头。

有一天，他随便走进一家文具店想买支铅笔，但商店里只有每支铅笔售价高达26美分的德国货，而且存货有限。他清楚地知道同样的铅笔在美国只需3美分。

于是哈默拿着铅笔去见当时苏联政府主管工业的人民委员克拉辛说："您的政府既然已经制定了政策，要求每个公民都得到读书和写字的机会，而没有铅笔怎么行呢？我想获得生产铅笔的执照。"

克拉辛答应了他的要求。

于是，哈默以高薪从德国聘来技术人员，从荷兰引进机器设备，在莫斯科办起了铅笔厂。哈默的工厂所生产的铅笔不仅满足了苏联全国的需要，而且还出口到土耳其、英国、中国等十几个国家。哈默从中获得了百万美元以上的利润。

再后来，哈默从苏联返回美国时，美国正处在经济萧条时期，所有企业家都在为生存而努力，而哈默却寻找到新的机会和市场。

当时，富兰克林·罗斯福正在竞选总统。在竞选中，罗斯福提出了一整套振兴美国经济的计划。

为此，哈默判断，只要罗斯福登上总统宝座，禁酒令一定会被废除，从而既缓解全国对啤酒和威士忌的渴望，又以此来刺激美国经济的发展。因而，随着产酒高潮的到来，酒桶的需求量将会空前增加，而市场却没有太多的酒桶。

于是，哈默不失时机地从苏联订购了几船制造酒桶的木材，在新泽西州建了一座现代化的酒桶厂。

当禁酒令废除的时候，哈默的酒桶正从生产线上滚滚而出，并很快被各酒厂高价抢购一空。

继而他又开办了酿酒厂，生产的丹特牌威士忌酒以其物美价廉而享誉美国。

第二次世界大战期间，美国人民的生活水平有了显著提高，想吃牛肉的人越来越多，但优质牛肉在市场上却很难见到，哈默又是"见缝插针"，迅速筹资在自己的庄园"幻影岛"上办起了一个养牛场。

他用了10万美元的高价买下了20世纪最好的一头公牛"埃里克王子"。

"埃里克王子"像棵摇钱树，为哈默赚了几百万美元，而哈默也从此由门外汉成了美国畜牧业公认的领袖人物。

从上面哈默的成功经验中，你会明白，这一切其实都是"见缝插针"所带来的成功效应。

## 伸手越多，机会越多

在这个世界上，20%的人拥有80%的财富；在任何一家企业或其他组织，20%的人控制80%的资源。能够成功跨过这条"二八线"的人，有一个明显的共同特点——积极主动。他们不是"坐店经营"，等别人"上门采购"；而是主动上门推销，寻找施展才能的机会。

人生中的机会，像柳絮一样，飘忽不定，你伸手去抓它，不一定每次都能抓住。但是，你伸手的次数越多，抓住它的可能性越大。

一位日本学生，初到法国留学时，还不会说法语。刚住进留学生公寓楼的那一天，他因事到管理员室去，屋里却没人。这时，电话响了，他习惯性地抓起电话接听，却忘了自己不会说法语。

幸好对方说的是英语，他完全能听懂。那是一位美国外交官，说自己将离开法国去日本赴任，希望找一个日本人讲授日语，问他能不能帮忙。原来外交官将他当成了宿舍管理员。他马上答应下来。通过这位外交官，他走进了法国的上流社会，结识了许多朋友，得到了更多的机会。

这位日本留学生也许不止一次接这种看似不相干的电话，但一次机会就足以补偿他积极主动的好习惯。

当机会擦身而过时，大多数人只是叹一声气，看着它远离自己而去，却没有想到，如果紧追一步，也许能抓住这快要失去的好运气！

某著名大公司招聘职业经理人，应者云集，其中不乏高学历、多证书、有相关工作经验的人。经过初试、笔试等四轮淘汰后，只剩下6个应聘者，但公司最终只选择一人作为经理；所以，第五轮将由老板亲自面试。

面试开始时，主考官却发现考场多出了一个人，出现7个考生，于是就问道："有不是来参加面试的人吗？"这时，坐在最后面的一个男子站起身说："先生，我第一轮就被淘汰了，但我想参加一下面试。"

人们听到他这么讲，都笑了，就连站在门口为人们倒水的那个老头也忍不住笑了。主考官不以为然地问："你连第一关都过不了，有什么必要来参加这次面试呢？"

这位男子说："因为我拥有别人没有的财富。"大家又一次笑了，都认为这个人不是头脑有毛病，就是狂妄自大。

这个男子说："我虽然只是本科毕业，只有中级职称，可是我却有着 10 年的工作经验，曾在 12 家公司任过职……"

这时主考官马上插话说："虽然你的学历和职称都不高，但是工作 10 年倒是很不错，不过你却先后跳槽 12 家公司，这可不是一种令人欣赏的行为。"

男子说："先生，我没有跳槽，而是那 12 家公司先后倒闭了。"

在场的人第三次笑了。

主考官说："你真是一个地地道道的失败者！"

"不，这不是我的失败，而是那些公司的失败。正是这些失败却使我积累了一笔别人没有的财富。"男子认真地说。

这时，站在门口的老头走上前，给主考官倒茶。

男子继续说："我很了解那 12 家公司，我曾与同事努力挽救它们，虽然不成功，但我知道导致错误与失败的每一个细节，并从中学到了许多东西，这是其他人学不到的。很多人只是追求成功，而我却有了避免错误与失败的经验。"

男子停顿了一会儿，接着说："这 10 年的经历和 12 家失败的公司，培养、锻炼了我对人、对事、对未来的敏锐洞察力，举个小例子吧——真正的考官，不是您，而是这位倒茶的老人……"

在场所有人都感到惊愕，目光转而注视着倒茶的老头。那老头诧异之际，很快恢复了镇静，随后笑了："很好！你被录取了，因为我想知道——你是如何知道这一切的？"

老头的言语表明他确实是这家大公司的老板。这次轮到这位考生笑了。

大凡成功的人，都是因为抓住了机会才成功的，而这名男子在面试的第一轮便被淘汰了，按理说，他已失去了机会，但他却勇敢地紧追一步，全力为之，于是抓住了成功的机会。

有人虽学富五车，却没有胆量去推销自己，还振振有词地说是金子迟早会发光的。这不过是自己欺骗自己罢了！金子被埋没在泥土中，如何能发光？只有努力从"泥土"中跳出来，表现自我，才能照亮自己的人生之路。

## 该出手时不迟疑

《致富时代》杂志上，曾刊登过这样一个故事。有一个自称"只要能赚钱的生意都做"的年轻人，在一次偶然的机会，听人说市民缺少便宜的塑料袋盛垃圾。他立即进行了市场调查，通过认真预测，认为有利可图，马上着手行动，很快把价廉物美的塑料袋推向市场。结果，靠那条别人看来一文不值的"垃圾袋"的信息，两星期内，这位小伙子就赚了 4 万块。

相反，一位智商一流、执有大学文凭的翩翩才子决心"下海"做生意。

有朋友建议他炒股票，他豪情冲天，但去办股东卡时，他又犹豫道："炒股有风险啊，等等看。"

又有朋友建议他到夜校兼职讲课，他很有兴趣，但快到上课时，他又犹豫了："讲一堂课，才 20 块钱，没有什么意思。"

　　他很有天分，却一直在犹豫中度过。两三年了，一直没有"下"过海，碌碌无为。

　　有些人不是没有成功立业的机遇，只因不善抓机遇，所以最终错失机遇。他们做人好像永远不能自主，非有人在旁扶持不可，即使遇到任何一点小事，也得东奔西走地去和亲友邻人商量，同时脑子里更是胡思乱想，弄得自己一刻不宁。于是，愈商量愈拿不定主意，愈东猜西想愈是糊涂，就弄得毫无结果，不知所终。

　　没有判断力的人，往往使一件事情无法开场，即使开了场，也无法进行。他们的一生，大半都消耗在没有主见的怀疑之中，即使给这种人成功的机遇，他们也永远不会达到成功的目的。

　　一个成功者，应该具有当机立断、把握机遇的能力。他们只要自己把事情审查清楚，计划周密，就不会再怀疑，立刻勇敢果断地行事。因此任何事情只要一到他们手里，往往能够随心所欲，获得成功。

　　在行动前，很多人提心吊胆，犹豫不决。在这种情况下，首先你要问自己："我害怕什么？为什么我总是这样犹豫不决，抓不住机会？"

　　在成功之路上奔跑的人，如果能在机遇来临之前就能识别它，在它消逝之前就果断采取行动占有它，这样，幸运之神就会来到你的面前。

　　当机立断，将它抓住，以免转瞬即逝，或是日久生变。看来，把握住机遇，眼力和勇气都是不可缺少的。

　　机遇是一位神奇的、充满灵性的，但性格怪僻的天使。它对每一个人都是公平的，但绝不会无缘无故地降临。只有经过反复尝试，多方出击，才能寻觅到它。

有一个人在一天晚上碰到一个神仙，这个神仙告诉他说，有大事要发生在他身上了，他会有机会得到很大的财富，在社会上获得卓越的地位，并且娶到一个漂亮的妻子。

这个人终其一生都在等待这些大事发生，可是什么事也没发生。这个人穷困地度过了他的一生，最后孤独地老死了。当他上西天，他又看见了那个神仙，他对神仙说："你说过要给我财富、很高的社会地位和漂亮的妻子，我等了一辈子，却什么也没有。"

神仙回答他："我没说过那种话。我只承诺过要给你机会得到财富、一个受人尊重的社会地位和一个漂亮的妻子，可是你让这些从你身边溜走了。"

这个人感到很迷惑，他说："我不明白你的意思。"神仙回答道："你记得你曾经有一次想到一个好点子，可是你没有行动，因为你怕失败而不敢去尝试。"这个人点点头。

神仙继续说："因为你没有去行动，这个点子几年以后被另外一个人想到了，那个人一点也不害怕地去做了，你可能记得那个人，他就是后来变成全国最有钱的那个人。"

"还有，你应该还记得，有一次发生了大地震，城里一大半的房子都毁了，好几千人被困在倒塌的房子里，你有机会去帮忙拯救那些幸存的人，可是你怕小偷会趁你不在家的时候，到你家里去打劫、偷东西，你以这作为借口，故意忽视那些需要你帮助的人，而只是守着自己的房子。"这个人不好意思地点点头。

神仙说："那是你去拯救几百个人的好机会，而那个机会可以使你在城里得到多大的尊崇和荣耀啊！"

"还有，"神仙继续说，"你记不记得有一个头发乌黑的漂亮女子，你曾经非常强烈地被她吸引，你从来不曾这么喜欢过一个女人，之后也没有再碰到过像她这么好的女人。可是你认为她不可能会喜欢你，更不可能会答应跟你结婚，你因为害怕被拒绝，就让她从你身旁溜走了。"这个人又点点头，可是这次他流下了眼泪。

神仙说："我的朋友啊，就是她！她本来该是你的妻子，你们会有好几个漂亮的小孩，而且跟她在一起，你的人生将会有许许多多的快乐。"

在通往成功的道路上，每一次机会都会轻轻地敲你的门。不要等待机会去为你开门，因为门闩在你自己这一面。机会也不会跑过来说"你好"，它只是告诉你"站起来，向前走"。知难而退，优柔寡断，缺乏一往无前的勇气，这便是人生最大的难题。

要善于发现机会。很多的机会好像蒙尘的珍珠，让人无法一眼看清它华丽珍贵的本貌。踏实的人并不是一味等待的人。要学会为机会拭去障眼的灰尘。

不要为自己找借口了，诸如别人有钱，当然会成功；别人成功是因为抓住了机遇，而我没有机遇，等等。

这些都是你维持现状的理由，其实根本原因是你根本没有什么目标，没有勇气，你是胆小鬼，你根本不敢迈出跨向成功的第一步，你只知道成功不会属于你。

## 培养马上动手的好习惯

懒惰、好逸恶劳乃是万恶之源，懒惰会吞噬一个人的心灵，就像灰尘可以使铁生锈一样，懒惰可以轻而易举地毁掉一个人，乃至一个民族。

亚历山大征服波斯人之后，他有幸目睹了这个民族的生活方式。亚历山大注意到，波斯人的生活十分腐朽，他们厌恶辛苦的劳动，却只想舒适地享受一切。亚历山大不禁感慨道：没有什么东西比懒惰和贪图享受更容易使一个民族奴颜婢膝的了；也没有什么比辛勤劳动的人们更高尚的了。

有一位外国人周游世界各地，见识十分广泛。他对生活在不同地位、不同国家的人有相当深刻的了解，当有人问他不同民族的最大的共同性是什么，或者说最大的特点是什么时，这位外国人回答道："好逸恶劳乃是人类最大的特点。"

无论是对个人还是对一个民族而言，懒惰都是一种堕落的、具有毁灭性的东西。懒惰是一种精神腐蚀剂，因为懒惰，人们不愿意爬过一个小山岗；因为懒惰，人们不愿意去战胜那些完全可以战胜的困难。

因此，那些生性懒惰的人不可能在社会活动中成为一个成功者，他们永远是失败者，成功只会垂青那些辛勤劳动的人们。懒惰是一种恶劣而卑鄙的精神重负，人们一旦背上了懒惰这个包袱，就只会整天怨天尤人，精神沮丧，无所事事，这种人完全是一个对社会无用之人。

有些人终日游手好闲、无所事事，无论干什么都舍不得花力气、下功夫，但这种人的脑子可不懒，他们总想不劳而获，总想占有别人的劳动成果，他们的脑子一刻也没有停止思维活动，他们一天到晚都在盘算着去掠夺本属于他人的东西。正如肥沃的稻田不生长稻子就必然长满茂盛的杂草一样，那些好逸恶劳者的脑子里就长满了各种各样的"思想杂草"。懒惰这个恶魔总是在黑夜中出现，它直视那些头脑中长满了这些"思想杂草"的懦夫，并时时折磨他们、戏弄他们。

那些游手好闲、不肯吃苦耐劳的人总是有各种漂亮的借口，他们不愿意好好地工作、劳动，却常常会想出各种理由来为自己辩解。确实，一心想拥有某种东西，却害怕或不愿意付出相应的劳动，这是懦夫的表现。无论多么美好的东西，人们只有付出相应的劳动和汗水，才能懂得这美好的东西是多么来之不易，才能愈加珍惜它。即使是一份悠闲，如果不是通过自己的努力而得来的，这份悠闲也就并不甜美。不是用自己劳动和汗水换来的东西，你就不配享用它。

人都有惰性。睡在阳光下，暖洋洋的不想起来；坐在树荫下聊天不愿工作；沉迷于娱乐厅中流连忘返，致使好多应该做的事情没有做，也使好多本应成功的人平平淡淡，其罪恶之首，就是懒惰。懒惰是一种习惯，是人长期养成的恶习。这种恶习只有一种成果，那就是使人待在原地而不是奋勇前进。因此，要想取得一定成就就要改掉这种恶习。

我们周围总有许多人办事拖拖拉拉，他们经常要做的事包括闲谈、喝咖啡、削铅笔、阅读书报、处理私事、清理文具、看电视以及其他几十种小事，而很少花时间干正事。

有一个方法可以改掉这个毛病，就是命令你自己："我现在很好，马上可以动手，再拖下去就完蛋了。我要把所有的时间和精力用在正事上。"许多人的拖拉，是因为形成了习惯。要想改变拖拉的习惯，需要重新训练，培养马上动手的好习惯。

## 提升时间效率

这个世界你对什么最没办法？

是命运？不是，命运可以把握；是机遇？不是，机遇可以捕捉。那是什么？是时间。

任你有天大的本领，你都不可能让时间倒流，也不可能让它停滞。不管你有什么样的感觉，有什么样的想法，它始终都在不紧不慢地走着，永远那么从容，那么恬淡。

于是有人说了，人生苦短，韶华难留；也有人说了，浪费时间就等于图财害命。总之，时间就是金钱，时间就是生命，时间就是一切，已经成为世人的共识。珍惜了时间，你就珍惜了一切，学会了合理利用时间，你就可以得到想要的一切。

盛田昭夫说："如果你每天落后别人半步，一年后就是一百八十三步，十年后即十万八千里。"著名的管理大师杜拉克说："不能管理时间，便什么也不能管理。""时间是世界上最短缺的资源，除非严加管理，否则就会一事无成。"

确实，一个人之所以能够成功，是因为他在同样的时间内做了与别人不一样的事情，他会管理时间，充分利用时间，提高工作效率。大连实德集团总裁徐明说："商场上不是大鱼吃小鱼，而是快鱼吃慢鱼。"反应快、决策快、行动快，是徐明的"快鱼风格"，也是他能够成功的一大保证。竞争，实质上就是能不能在最快的时间内做出最好的东西。人生最大的成功，就是在最短的时间内达成最多的目标。

但是，仍然有非常多的人天天都在浪费时间，他并不知道自己的目标到底在哪里，他的目标也没有事先设定优先顺序，没有做详细的计划，只是一直问自己：为什么不跟别人一样成功。有些人认为自己比别人聪明，可是成就不如别人，关键就在于他浪费了太多的时间。

如何进行时间管理？下列方法值得一试：

做好协调，工作分流。

转换心情。在处理重要而耗时的事务中感到厌倦时，改而处理其他杂务，既可节省时间，又能转换心情。

不浪费零碎时间。利用零碎时间处理杂务，延后用餐时间以免拥挤等。

采取比较简单的生活方式，处理好工作与生活的矛盾。

尽量减少不必要的对外应酬，必须应酬时设法节省应酬时间。

充分运用上下班的搭车时间，如车上想问题等。

## 说话到位是天才

说话，古今智者都把它的重要性提到很高的程度。子贡说："表达观点提出建议，关系到自身得失和国家安危。"

《诗经》说："说话有条理，听者不违背。"

主父偃甚至说："一个人不善于说话，还有什么用处呢？"

正因为说话重要，它就成了立志干大事的人的一项必修课。在长期的实践中，人们对说话艺术也总结出了许多行之有效的方法。

孙卿说："说服的方法，要仪表端庄以展示良好的形象；要态度诚恳地对待对方；要坚信自己的观点；要用打比方的方式来阐明事理；要透彻分析因果以让对方明白利害关系；要恰到好处地运用喜怒哀乐的情绪来打动对方；要让对方感到自己的意见宝贵、新鲜、奇特、巧妙。像这样进行说服，没有行不通的。"

鬼谷子说："一个人有错误想帮他矫正过来，太难了！说出的话对方不接受、提出的意见对方不听从的原因，可能是道理没有讲清的缘故；如果道理已经讲清了，对方还是不接受，可能是你并不坚信自己的观点；你坚信自己的观点，对方还是不接受，那就是你说的话不合对方的兴趣。道理讲清了，你又坚信自己的观点，你的意见又合乎对方的兴趣，你的话又巧妙、新鲜，明白易懂，能打动对方的心，像这样进行说服还行不通，天下闻所未闻。"

通常来说，说话的目的是为了交流，需要对方乐于接受才有价值。如果对方听不进去，哪怕你说得天花乱坠，也等于白说。

如何说得让对方乐于接受呢？有四个要点：

第一个要点是，给对方阐明利弊。趋利避害是人们的正常心理。如果你的话让对方看到利益或避免损害，他当然乐于接受。

春秋时，赵王非常忌恨魏国的前宰相范痤，就派使者对魏王说："请帮我杀掉范痤，我愿送给您七十里土地。"

魏王很高兴地接受了这个条件，当即派人捉拿范痤，把范痤家包围起来。范痤爬上屋顶，骑在屋脊上对魏王的使者说："与其杀掉我再去跟人谈交易，不如让我活着去跟人谈交易。假如我死了，赵国却不给魏王土地，魏王又能怎么样呢？不如先完成割地手续，然后再杀我。"

魏王觉得这个主意不错，就对范痤围而不杀。

范痤马上写信给魏国宰相信陵君说："我本来是魏国罢免的宰相，赵国用土地作交换条件，要求魏王杀我。假如秦国也像赵国一样，用土地作交换条件，要求魏王杀掉你，你将怎么办？"

信陵君马上去向魏王说情，放了范痤。

在本例中，范痤就是用利害关系说服了魏王和信陵君，从而达到了自己活命的目的。从古到今，利与害都是要点。让人见到利害，自然动心。

第二个要点是，满足对方的虚荣心。无论大人物还是小人物，都有虚荣心。你能满足对方的虚荣心，你的话在他耳朵里就变得特别动听。赞美的话，甚至拍马屁的伪言，有时比真话更让人乐于接受，其原因都是人的虚荣心在作怪。

魏文侯宴请各位大臣。酒过三巡后，他想听听大臣们对自己的看法。有的人说他是个仁义之君，有的人说他是个英明之主，魏文侯听了很高兴，对一直沉默的任痤说："我想听听您的意见。"

任痤说："我认为，您是一个不肖的君主。"

魏文侯很不高兴地说："我非常想听听你的理由！"

任痤说："您不把中山国封给您的弟弟，却把它封给您的儿子，所以我说您不肖。"

魏文侯一听，脸色更难看了。任痤见他不高兴，就快步走出去了。魏文侯忍住不快，对翟黄说："我也想听听您的意见。"

翟黄认真地说："我认为您确实是个明君！"

魏文侯的心情好多了，笑问："真是这样吗？"

翟黄："是的！我听说君主贤明，他的大臣说话会很直率。刚才任痤说话就很直率，所以我知道您很贤明。"

魏文侯心里一动，说："现在还能让任痤回来吗？"

翟黄："我听说忠臣尽忠，即使因此获罪也不会逃避。任痤现在一定还站在大门口等您处分呢！"

魏文侯派人去一看，任痤果真还恭敬地站在门口。任痤走了进来，魏文侯急忙走下台阶迎接他，从此将他奉为上宾。

有人说："良药苦口利于病，忠言逆耳利于行。"这话的确不假。但是，谁爱吃苦药呢？小孩把吃苦药看成虐待，大人把逆耳忠言看成人身攻击。为了避免"好心无好报"，不如将苦药包上糖衣，将忠言裹上赞美，这样，对方就比较容易接受了。

第三个要点是，让自己的话变得有趣。生活需要轻松的调剂，如果你的话很幽默，哪怕是废话，也有人爱听；如果你的话很有艺术，哪怕要求不太合理，对方也愿意接受。

庄子家里很穷，去向魏文侯借粮。魏文侯说："等我的食邑收到的租谷送来后，就送给你。"

庄周说："今天我来的时候，路旁的牛蹄印中有一条小鱼，向我哀求：'给我一点水，救救我吧！'我说：'等我为你到南方去请楚王决开长江、淮河的水来救你。'小鱼说：'我已命在顷刻，还说为我到南方去请楚王决开长江、淮河的水来救我。你还是到干鱼店里去找我吧！'如今我因为家贫才来借粮，你却说等你的食邑收到租谷后再送给我。即使送来了，也只能到干鱼店里去找我了！"

魏文侯大笑，当即送给庄子小米一百钟，一直送到他家里。

在说话时，如果你遵循以上三个要点，那么你说的话总是有人爱听，你的事业也会无往不利。

## 掌握办事的火候

事情大小，有轻有重，是放弃西瓜拣芝麻，还是丢掉芝麻捡西瓜，这既可能涉及自身的利益，又涉及他人及整体大局的利益。所以在这样的取舍两难的选择之间，就应该掂量一下事情的分量，尽量采用舍小取大、弃轻取重的处理原则。这样，虽然丢掉了小利，但所换取的可能就是大利或大义。

我们在找人办事时，事情应该有轻重缓急之分，有的事发生后，须马上处理，延误了时间就可能与预期目标相悖离，或是财产损失愈大，或是身家性命愈危。有些人际关系的处理，发生之时，立即解决，可能会火上浇油，使事态发展愈严重，而冷却几日，使当事人恢复理智以后再处理，就可能会大事化小，小事化了。所以，处理事情，掌握处理的火候，对事情的成败至关重要。

为掌握解决冲突的"火候"，有人找到了一种"百分之十法"，即事情发生后，再等百分之十的时间，这百分之十的时间，你的朋友或对方，会因说出的话，办过的事向你道歉；这百分之十的时间，也使你有更清醒的头脑，而不至于在盛怒之下失去控制。

受到别人的伤害，我们很可能暴跳如雷、怒发冲冠，与其如此，不如暂且迫使自己先冷静下来，然后再去想应当怎样应对，要知道大多数人不是有意在伤害我们的。

事实上，我们永远也无法避免受伤害，它是我们生活的一部分。既然如此，何必忧之恨之？除此之外，要想别人不伤害你，还要时刻想到不要伤害别人，只有这样，才能活得轻松，活得愉快，也只有这样，你才能找到为你办事的人。

我们立马做的事就是最重要、最紧急的事，来不得任何拖延。做完了一件事后又可依此方法对下面的事进行分类。那么我们依据什么来分清轻重缓急，设定优先顺序呢？

成功人士都是以分清主次的办法来统筹时间，把时间用在最有"生产力"的地方。

面对每天大大小小、纷繁复杂的事情，如何分清主次，把时间用在最有生产力的地方，有三个判断标准：

1. 我必须做什么？

这有两层意思：是否必须做，是否必须由我做。非做不可，但并非一定要亲自做的事情，可以委派别人去做，自己只负责督促。

2. 什么能给我最高回报？

应该用80%的时间做能带来最高回报的事情，而用20%的时间做其他事情。所谓"最高回报"的事情，即是符合"目标要求"

或自己会比别人干得更高效的事情。

前些年，日本大多数企业家还把下班后加班加点的人视为最好的员工，如今却不一定了。他们认为一个员工靠加班加点来完成工作，说明他很可能不具备在规定时间内完成任务的能力，工作效率低下。社会只承认有效劳动。

因此，勤奋 = 效率 = 成绩 / 时间

勤奋已经不是时间长的代名词，勤奋是最少的时间内完成最多的目标。

3. 什么能给自己最大的满足感？

最高回报的事情，并非都能给自己最大的满足感，均衡才会和谐满足。因此，无论你地位如何，总需要分配时间于令人满足和快乐的事情，唯有如此，工作才是有趣的，并易保持工作的热情。

通过以上"三层过滤"，事情的轻重缓急很清楚了，然后，以重要性优先排序（注意，人们总有不按重要性顺序办事的倾向），并坚持按这个原则去做，你将会发现，再没有其他办法比按重要性办事更能有效利用时间了。

练习分清事情的轻重缓急，逐步学习安排整块与零散的时间。不要避重就轻。事情肯定会有轻重缓急，先集中时间，把最重要的先完成。利用好零散的时间做事，可以在不知不觉中完成烦琐的杂务。这一步最重要的是不要怕做难做的事。

## 抓住办事的关键点

关键的问题和问题的关键在某种程度上是具有一致性的，都是抓住事物的主要矛盾或者矛盾的主要方面，这些矛盾涉及事情的本质。善于观察和领悟的人往往可以通过事情的一两个点，控

制事情的进展，挖掘事情的实质，从根本上把事情办好。

任何问题都有一个关键点，那就是"能牵一发而动全身"的地方。这个地方的最大特点，是一切矛盾的汇集处。抓到"牵一发动全身"的地方，解决了它，其他的问题就会迎刃而解。

1933 年 3 月，罗斯福宣誓就任美国第 32 任总统。当时，美国正发生持续时间最长、涉及范围最广的经济大萧条。就在罗斯福就任总统的当天，全国只有很少的几家大银行能正常营业，大量的现金支票都无法兑现。银行家、商人、市民都处于恐慌，稍有一点风吹草动将会导致全国性的动荡和骚乱。

在坐上总统宝座的第 3 天，罗斯福发布了一条惊人决定：全国银行一律休假 3 天。这意味着全国银行将中止支付 3 天。这样一来，高度紧张和疲惫的银行系统就有了较为充裕的时间进行各种调整和准备。

这个看似平淡无奇的举动，却产生了奇迹般的作用。

全国银行休假 3 天后的一周之内，占全美国银行总数四分之三的 13500 多家银行恢复了正常营业，交易所又重新响起了锣声，纽约股票价格上涨 15%。罗斯福的这一决断，不仅避免了银行系统的整体瘫痪，而且带动了经济的整体复苏，堪称"四两拨千斤"的经典之作。

罗斯福用这样一种简单的方法就能力挽狂澜，而且产生了立竿见影的效果，就是因为他一下抓住了银行——整个"国家经济的血脉"所存在的问题，抓住了整个经济中最重要的问题，并选择了一个最简单易行的方法去解决了。

当时，美国正好出现了遍及全国的挤兑风波。银行最害怕挤兑，因为一出现挤兑，人们就会对银行和金融体系丧失信心，一且对金融体系丧失信心，就会加剧人们的不安，导致挤兑潮的恶性循环。在这样的压力下，所有银行就像被卷入漩涡一样，被挤兑风波逼得连喘一口气的时间都没有。所以，罗斯福对经济形势深刻分析之后，采取果断措施，用休假3天来让银行整理好正常的工作思路，做好应对各种危机的准备。同时，采取多种措施进行宏观调控。银行的危机处理能力得到增强，人们的信心也开始恢复，问题就得到了逐步解决。

要解决问题，首先要对问题进行正确界定。弄清"问题到底是什么"，就等于找准了应该瞄准的"靶子"。否则，要么是劳而无功，要么是南辕北辙。

美国鞋业大王罗宾·维勒事业刚起步的时候，为了在短时期内取得最好的效果，他组织了一个研究班子，制作了几种款式新颖的鞋子投放市场。

结果订单纷至沓来，产品供不应求，即使加班加点也只能完成订单的一小部分。为了解决这个问题，工厂又招聘了一批生产鞋子的技工。但面对庞大的客户订单，现在的产能还是远远不够。罗宾非常着急，如果鞋子不能按期生产出来，工厂就不得不赔偿给客户一大笔钱，进而还会影响到工厂的声誉。

于是罗宾召集全厂员工开会研究对策。主管们讲了很多办法，但都不行。这时候，一位年轻的小工举手要求发言。

"我认为，我们的根本问题不是要找更多的技工，其实不用这些技工也能解决问题。"

"为什么？"工人、主管们都感到很奇怪。

"因为真正的问题是提高生产量，我们可以从其他方面想想办法，增加技工只是手段之一。"

大多数人觉得他的话不着边际，但罗宾很重视，鼓励他讲下去。

他鼓足了勇气，大声地说："我们可以用机器来做鞋。"

这在当时可是从来没有过的事，立即引起大家的哄堂大笑："孩子，用什么机器做鞋呀，你能制作这样的机器吗？"

小工面红耳赤地坐下去了，但是他的话却深深触动了罗宾。他说："这位小同事指出了我们解决产能问题的一个误区。一直我们都认为问题是如何招更多的技工，但当一批订单过后，如何安排这些增加的技工去留问题成一个棘手的问题。但这位小同事却让我们重新回到了问题根本上，那就是要提高生产效率。尽管他不会创造机器，但他的思路很重要。因此，我决定奖励他 500 美元。"这相当于一个小工半年的工资。

罗宾根据小工提出的新思路，立即组织专家研究生产鞋子的机器。4 个月后，机器生产出来了，世界从此进入到用机器生产鞋子的时代。罗宾也由此以领先者的姿态成了美国著名的鞋业大王。

罗宾·维勒在自传中谈到这个故事时，特别强调说："这位员工永远值得我感谢。假如不是这位员工给我指出我的根本问题是提高生产率而不是找更多的工人，我的公司就不会有这样大的发展。"

这段经历，使我们明白了一个十分重要的道理：遇到难题，首先是对问题进行分析，弄清问题的实质，找到问题的关键点，解决"牵一发而动全身"的关键问题。

任何事情，都有其本质所在。你只要抓住它的本质，从根本上去分析它，你就能从容的应对、解决。找人办事的时候，只要抓住关键的问题，就能找对最适当的人，对症下药，从根本上把事情办好。

# 第三章
## 注重细节
### ——小事成就大事，细节决定成败

## 把小事做到极致

做事有个禁忌叫"好高骛远"，或者说"眼高手低"，时间长了，人就变得"志大才疏"，再好的钢也成了废铁。

试想，一只虎崽不去跟着母亲和同伴学习捕猎技巧，却整天望着天上的雄鹰，渴望着有朝一日能够像雄鹰一样展翅翱翔，结果会是什么样的呢？等它长大以后，即使别的动物在老虎家族的威名下不会对它怎么样，它也会因为自己无能，捕不到食物而饿死。

东汉时期，有个叫陈蕃的人，小的时候很有志向，独居一屋苦读。一天，他父亲有一位叫薛勤的朋友到他家做客，看到他的屋子里凌乱不堪，就问他："你怎么不把屋子打扫得干净一些呢？"陈蕃说："大丈夫立身处世，当扫天下，何必扫一个屋子呢？"薛勤笑了笑，对他说："不扫一屋，何以扫天下呢？"陈蕃猛然醒悟，一生引为戒语，终有所成。

仲永小的时候擅长指物吟诗，非常聪明，他的父亲不愿让他整天干些读书写字的小事，而是拉着他到处炫耀，结交权贵。结果没几年工夫，这位神童就"泯然众人矣"。

千里之行，始于足下。无论多么大的理想，多么伟大的事业，都必须要从小事做起，从平凡处做起。连一间屋子都扫不了或者没有耐心扫，是不可能扫天下的。仲永的故事说的就是这个道理。

可惜的是，有些人，特别是那些涉世不深、阅历肤浅的年轻人，却不懂这样的道理。他们往往不善务实，不屑于做具体的工作，热衷于空洞的大事物和"理想主义"。他们看惯了电影中的轰轰烈烈，听多了书中的慷慨激昂，踏入社会，总觉得身边的人俗不可耐，手头的工作不值一做。他们的知识和能力在缺乏实践的情况下日渐枯萎，像仲永一样最终落得个一事无成。

善于做事的人，总是从大处着眼，从小处入手。能够成功的人，从来都不拒绝小事，也从来都是从小事做起的。

中国足球队的著名前锋郝海东，有着精湛的技术和出众的速度，如果不是命运作弄，他可能早已成为了世界级球星。但就是这样一个无论在大连队还是在国家队都炙手可热的人物，每次训练或者比赛完了，都坚持自己刷球鞋。大连队的外援们见了都啧啧称奇，钦佩不已。他说他之所以能有今天，靠的不是别的，而是严格的自我要求。从刚刚开始踢球的时候，他就要求自己把每一个技术动作都做正确甚至做精确。他从不吸烟，也很少饮酒，生活极其规律。

从每一个细小的技术动作做起，从生活的各个细微之处保养自己的身体，是他能够成为球星，并且在30多岁的时候仍旧能够保持良好竞技状态的秘诀。

靠罚球能得到NBA的总冠军，你信不信？信不信由你，但这是事实。

洛杉矶湖人队有很强的实力，有第一中锋大鲨鱼奥尼尔，但他从没有得过冠军，为什么呢？因为奥尼尔不会罚球，他的罚球水平是全NBA最差的。所以，虽然奥尼尔在篮下有很强的实力，甚至有点如入无人之境的感觉，但只要别的队使用犯规战术，他的威力就发挥不出来。前公牛队的主教练杰克逊来到了湖人队后，发现了奥尼尔的致命弱点，于是就强迫奥尼尔每天罚篮 1000 次。那一年，奥尼尔罚球神准，湖人队也终于登上了冠军的宝座。领奖的时候，奥尼尔抱住杰克逊痛哭，说这个冠军是教练给的。

古人云："不积跬步，无以至千里；不积小流，无以成江海。"路是一步一步走出来的，做事也得一点一点来。只要把小事做到极致，何愁大事不成？

## 不必高估你的难题

没有不可解决的困难，只有无法逾越的心灵堡垒。

敢于应对挑战的开拓者个个都是解决问题、排除困难的高手。开拓者明白：困难可以把人击垮，也可以让人重新振作。当人没有勇气面对困难时，困难是不可逾越的高山；当人借勇气、凭毅力克服那些困难后，回头再看时，困难不过是一只只纸老虎。

作为一名出色的开拓者，他们更是敢于面对形形色色的困难。他们的工作就是带领自己的下属，以最圆满的方式解决瞬息万变的问题；以无畏的勇气去面对困难。

阿迪·达斯勒被公认为是现代体育工业的始祖，他凭着不断的创新精神和克服困难的勇气，终身致力于为运动员制造最好的产品，最终建立了与体育运动同步发展的庞大体育用品制造公司。

阿迪·达斯勒的父亲从早到晚靠祖传的制鞋手艺来养活一家4 口人，阿迪·达斯勒兄弟两个有时也可以帮助父亲做一些零活。一个偶然的机会，一家店主将店房转让给了阿迪·达斯勒兄弟，并可以分期付款。

兄弟俩欣喜若狂，可资金仍是个大问题，他们从父亲的作坊搬来几台旧机器，又买来了一些旧的必要工具。鲁道夫和阿迪正式挂出了"达斯勒制鞋厂"的牌子。

建厂之初，他们以制作一些拖鞋为主，由于设备陈旧、规模太小，再加上兄弟俩刚刚开始从事制鞋行业，经验不足，对市场又不是很了解，款式上是模仿别人的老式样，这样生产出来的鞋，没有引起消费者的注意，销售情况不是很好。

出师不利的困境没有让两个年轻人打退堂鼓；意想不到的困难，更没有使他们退缩。他们想方设法找出矛盾的根源所在，努力走出失败的困境。

聪明的阿迪通过学习了解到：那些企业家的成功之道在于牢牢抓住市场，并且创造生产人们喜爱的产品，只有推陈出新才能赢得市场。而他们生产的款式已远远落后于当时的需求。

兄弟俩通过市场调查，最后得出结论：他们应该立足于普通的消费者。因为普通大众大多数是体力劳动者，他们最需要的是既合脚又耐穿的鞋。

再加上阿迪是一个体育运动迷，并且深信随着人们生活的提高，健康将越来越会成为人们的第一需要，而锻炼身体就离不开运动鞋。

兄弟俩确定好目标后，就勇敢地开始转型。大胆的他们把自己的家也搬到了厂里，在厂里一待就是一个多月，终于生产出几种式样新颖、颜色独特的跑鞋。

然而，任何一种新产品推到市场，都有一个被消费者认识的过程。当阿迪兄弟俩带着新鞋上街推销时，人们首先对鞋的构造和样式大感新奇，争相一睹为快。

可看过之后，真正掏钱买的人很少，人们看着两个小伙子年轻、陌生的面孔，带着满脸的不信任离开了。

一连许多天，都没有卖出一双鞋，兄弟俩四处奔波，向人们推荐自己精心制作的新款鞋，但都受到了同样的冷遇。两个人都有些灰心了。

阿迪兄弟本以为做过大量的市场调查之后生产出的鞋子，一定会畅销。市场却又一次无情地打击了阿迪兄弟。他们不知道问题出在了哪里。无法解决的困难又一次让两个年轻人陷入绝境。

可阿迪·达斯勒的字典里没有"输"这个字，只有勇气陪伴着他们，去闯过一个个难关。

在困难面前，阿迪兄弟俩没有消沉，没有退缩，没有弃之不管，放任自流。而是迎着困难而上，在仔细分析当时的市场形势和自己工厂的现状后，从中找出了解决的办法。

兄弟俩商量后决定：把鞋子送往几个居民点，让用户们免费试穿，觉得满意后再向鞋厂付款。

一个星期过去了，用户们毫无音讯。两个星期过去了，还是没有消息。兄弟俩心中都有些焦躁，有一些坐不住了。

在耐心地等候中，又一个星期过去，他们现在唯一的办法也只有等待了。一天，第一个试穿的顾客终于上门了。他非常满意地告诉阿迪兄弟俩，鞋子穿起来感觉好极了，价钱也很公道。在交了试穿的鞋钱之后，又订购了好几双同型号的鞋。

随后不久，其余的试穿客户也都陆续上门。一时之间，小小的厂房竟然人来人往，络绎不绝。鞋子的销路就此打开，小厂的影响也渐渐扩大了。

阿迪兄弟俩没有被初次创业所遭受的种种困难所吓倒，面对资金不足、经验不足、信誉缺乏等困难，他们凭着自己的信心和勇气——攻克。为日后家族现代体育工业帝国的建立，打下了坚实的基础。

任何时候，任何事情，都存在各种各样的困难，而这些困难，在勇敢者眼里是不足为惧的，而在那些懦弱者的心目中，困难总是不可逾越的，他们习惯高估困难，从而给自己的无能披上一件遮羞布，为自己的懒惰搭一张温床。而那些把困难垒高的人，无一例外地都把自己划到了失败者的行列中。

人生旅程中，难免会遇到或多或少的阻力和困难。但是，我们没有必要高估困难。其实困难是一只纸老虎，你怕它，它就会凶猛，你不怕它，仅一指就可捅破。

## 决不接受平庸的结果

杰出人士为什么能创造非凡业绩？原因很简单：他们决不接受平庸的结果。

杰出人士也跟普通人一样，他们的奋斗历程也不是一帆风顺，但他们总能克服一切困难到达成功的终点。正如格鲁德·史密斯所说："对于我们来说，最大的荣幸就是每个人都失败过。而且当我们跌倒时都能爬起来。"

为什么要爬起来？

因为我们不甘心在失败面前俯首称臣，不甘心做一个平庸的人。

休斯出生在一个富有的石油商人家庭，但他却不是一个只会吃喝玩乐的花花公子。他的志向是成为一个不平凡的人物。

18岁那年，休斯的父亲因病去世，他继承了父亲攒下的几百万美元家产，并接管了父亲的公司。野心勃勃的他，决定投资他喜欢的电影业。20岁那年，休斯投资拍摄了一部没有电影院愿意放映的电影，亏了8万美元。伯父大光其火，建议他先去弄清什么叫好电影，然后再来拍电影。

休斯听从劝告，拜一位著名制片人为师。这使他受益匪浅，回来后即拍摄了第二部电影《阿拉伯之夜》。这部电影大获成功，曾荣膺奥斯卡喜剧片奖。休斯信心大振，决定拍摄一部战争加爱情的大片《地狱天使》。他不惜血本，拿出半个家当，决心将《地狱天使》拍成一部轰动天下的巨片。为了使场面宏大壮观、精彩刺激，他决定采用实人实景的方式拍摄。为此，他向英国、法国和德国租用各型战斗机87架，聘用飞行员135名。

在拍摄时，休斯固执地要拍一个飞机俯冲轰炸，然后坠落燃烧的镜头。这是一个极危险的动作，没有哪个飞行员敢拿性命开这种玩笑。好在休斯自己会开飞机，别人不敢玩命，他敢！于是，他穿上飞行服，登上侦察机，飞向蓝天。谁知飞机俯冲而下时，一头栽在地上。休斯身受重伤，幸而不曾丧命。

两年后，《地狱天使》终告拍成。休斯满心指望这片耗资300万美元，死了4个人的影片能一举成名，谁知在试映时，观众的反应却出奇的冷淡。休斯大失所望。毫无疑问，这部苦心孤诣的影片只是一部失败的劣作。

休斯毅然决定，重改剧本，另选演员，拿出另外半个家当，重新开拍。休斯明白，这次若不成功，他可就倾家荡产了。因此，他认真总结了前次失败的原因，进行了更充分的准备。所幸，这次的拍摄十分成功，《地狱天使》果真成为一部轰动天下的超级大片。

在电影业获得成功后，休斯用积累的资金，创办了"休斯飞机公司"，经多年发展，成为名动天下的"飞机大王"。

真正的勇士把跌倒看成是通往目标途中必然发生的事，而不是一种不幸。所以，当他跌倒时，他不是躺在地上，想着前途茫茫，道路崎岖；埋怨不平的路途害他跌倒，或者怀疑被人陷害；也不会因为一点皮肉之伤而大声喊痛；或因为曾经跌倒一次就从此畏缩不前。他选择的是：站起来，向目标出发。

不要害怕失败，失败并不是什么坏事。哈伯德说："一个人所能犯下的最大错误，就是他害怕犯下错误。"只要你不放弃尝试，不断地尽自己最大的力量，你便是在创造成功。假使你没有获得你想要的成果，你就将其视为一个不理想的结果，而不是失败，然后从中学习，改进你的行为再试一次。

## 如有可能，再坚持一下

世界上最令人遗憾的事，无过于功亏一篑。孔明六出祁山无功而返，诗圣杜甫一句"出师未捷身先死，长使英雄泪满襟"道尽了孔明这位终生力图恢复汉室的伟人心中的无限遗憾。

孔明坚持到了他不能再坚持的地步，可谓无奈。但是，很多时候我们却是主动向困难投降。若能坚持一下，结果就大不一样。

贝尔发明电话，是在爱迪生等著名科学家在经历了几年的研究，决定放弃并向世界宣布电话不会产生后，将螺丝钉拧动 1/4 周，而使电话起死回生。于是爆发了一个著名的官司，最后以贝尔为电话的发明人而结束。爱迪生是一个伟大的发明家，可惜他未在电话的研究上再坚持一下，结果留下了终生遗憾。

我们通常并不缺少坚持下去的能力，而是缺少坚持下去的信心和耐心，这就可能使我们遭遇令人扼腕叹息的事情。

在第二次世界大战时，有艘船被炮弹击中沉没，全船只有一个人活着漂到孤岛，独自一人在岛上艰苦地生活。他克制住了原先生活中的种种欲望与冲动，终于在荒凉的孤岛上生存下来。

他天天站在岸边大摇白旗，希望有人来救他，可是一直都没有结果。

有一天，他千辛万苦搭盖的茅屋，突然起火燃烧，而且一发不可收拾，把他所有的家当都烧光了。

他伤心之余，埋怨上天："我唯一的栖身之处，我仅有的一点生活用品，都化为灰烬，上帝啊，你为何非让我走上绝路？"他万分绝望，失去了生活的信心，于是从孤岛的小山崖上跳入海中。

他死后不久，有人驾着船来到孤岛上。原来，他们看见岛上有火光，所以赶过来看看是否有人落难了。船上的人四处寻找，找到了那个人的一些遗物。他们猜想，他一定是没有坚持下来而自杀身亡，无不感到遗憾万分。

这个人的悲剧在于，他把上天拯救他的信号误解为毁灭他的征兆，走上了自我毁灭之路。难道我们不是在生活中也经常产生这种错觉吗？

胜利往往产生于再坚持一下的努力。当成功离我们只有一步之遥时，放弃者就是失败者，而坚持下来的人就是成功者。

在实现目标的过程中，需要克服两种障碍：一是事情本身的难度；一是他人的偏见和异议。很多人半途而废，就是被这两大障碍打败。

第二次世界大战时期，美国有位海军上尉叫史密斯，他发现他的队长用来打靶的新方法很好。他想，如果用这种方法训练炮手，一定能得到极好的效果，一定能节省不少炮弹。于是，他写了一封信给他的上司，但他的上司对这个意见毫无兴趣。没办法，他又大着胆子写信给职位更高的长官，可是他的提议仍被驳回。

他还是没有退却，他深信自己的提案是一个好的提案，对军队是有好处的，他继续向上申请，直到海军部长，可还是到处碰壁，没有人相信他的建议。

最后，他索性直接写信给老罗斯福总统了。这样做是冒着危险的，因为依当时的军法，一切下级军官的公文，均须申交直属上级，然后由上级再依次转交上去。而史密斯为了自己的那个到处碰壁的建议，竟直接给到总统手里，他犯下了严重的藐视上级罪。

这位上尉冒死进谏，终于得到了一个满意的答复，罗斯福总统郑重地同意考虑这个意见。他立即把上尉召来，给了他一次机会：当场试验他的意见对或不对。

他们在某处圈定了一个目标，先令军舰上的炮手用老式开炮法打靶，结果白白浪费了5个钟头的时间和大批炮弹，却一次也没有击中，而采用新方法却收到了良好的效果。罗斯福总统因此对他大加赞赏。

史密斯对于他的意见有着充分的自信，碰壁而不退却，非一般人可比。他确信自己的方法正确后，能够坚持不懈地坚持自己的主张，遇挫折而不灰心，终于如愿以偿，获得圆满的结果。

每一个人的成功总是受环境因素的制约，你所做的一切都正确，你也不一定会成功，你还需要满足许多条件。所以说，人生还需要战胜挫折、失败，需要坚持，需要不达目的不罢休。

## 角逐最后一公里

有多少奋斗者，付出了艰辛的努力，走完了99公里，却在最后1公里放弃，留下无尽的遗憾。

难道他们是傻瓜吗？不是！因为他们被一种自然现象所迷惑。

我们都知道，走路是最后 1 公里最难走，做事是最后 5 分钟最难熬，在你精疲力竭时，如果你不知道离目标只差 1 公里，就很可能认为自己已无能为力，因而颓丧地打消了继续的念头。

那些"行百里半九百"者，正是这样跟成功说"拜拜"的，他们已经尽力，能力也足以成大器，照说应该成功了，心里抱着很大的期望，谁知非但未能成功，反而遇到极大的障碍。这种反常现象，难免让他对自己做出消极评价。而事实上，他离成功只差最后 1 公里，只要再坚持一下，即可大功告成。如果放弃，就太可惜了！

史蒂芬·金是一位贫穷的工人，很热爱写作，希望成为作家，工作之余总是不停地写，打字机的噼啪声不绝于耳。他把节省下来的钱全部用来支付邮费，寄原稿给出版商和经纪人。

但他的作品都被退回了。退稿信很简短，非常公式化，他甚至不敢确定出版商和经纪人究竟有没有真的看过他的作品。

最后，他写出自己极得意的一个作品，他认为这个作品已把自己的灵感和能力发挥到了极致，而且看过的人都说写得很好。他满怀希望地把原稿交给了皮尔·汤姆森。几个星期后，他收到汤姆森一封热诚亲切的回信，说原稿的瑕疵太多。不过汤姆森相信他有成为作家的希望，并鼓励他再试试看。

在此后 18 个月里，史蒂芬·金又给编辑寄去了两份稿子，都被退回来了。

他开始写第四部小说，不过由于生活过于窘迫，经济上左支右绌，他准备放弃。他认为自己已经尽力，不可能写得更好，既然还是不能满足别人的要求，可见自己根本没有这方面的天赋。既然如此，还是脚踏实地出点力气养家糊口吧。他长叹一口气，把书稿扔进垃圾桶。

第二天，妻子在垃圾桶中发现了这本稿子，把它捡了回来，并对他说："你不应该半途而废，特别是在你快要成功的时候。"

他看着妻子坚定的目光，又想起皮尔·汤姆森编辑的话，于是他坚定了信心，每天坚持写 1500 字。

小说写完了以后，他把小说寄给了汤姆森，并做好了再次修改的准备。可是这次他等到的是汤姆森出版公司预付给他的 2500 美元。

于是，一部经典恐怖小说《嘉莉》诞生了。

这本小说后来销了 500 万册，并摄制成电影，成为 1976 年卖座最好的电影之一。

当一个人已经付出艰辛努力之后，成功事实上已经在并不遥远的地方，至少没有他想象的那么遥远，这时候的放弃，意味着前功尽弃，尤为可惜，这比你从来没有开始损失更大。

所以，当你向目标进发，感到困难重重、难以突破时，要想到，你离目标只有最后一公里，只要不半途而废，再努力一把，前面就是一片你渴望已久的胜景。

## "剑到死都不能离手"

丘吉尔一生中最精彩的演讲是在剑桥大学的一次毕业典礼上，整个会场有上百万的学生。丘吉尔在随从的陪同下走进了礼堂，他脱下大衣交给随从，然后又摘下帽子，慢慢走上讲台，默默地注视着所有的听众，过了一分钟，丘吉尔说了一句话："Never give up！"（永不放弃）丘吉尔说完后走下讲台，然后穿上大衣，带上帽子，离开了会场。此时整个会场鸦雀无声，一分钟后，掌声雷动。在场学生为丘吉尔的"永不放弃"而振奋，英国人也在丘吉尔"永不放弃"的信念下，战胜了法西斯，走出了困境，获得了最后的胜利。

"永不放弃"是一种信念，它给人以坚强的意志、拼搏的力量、斗争到底的决心，甚至能带你走出死亡，获得新生。

"永不放弃"给人生以希望，也给人战胜困难、获得胜利的力量。如果你好好审视历史上那些成大事、立大业的人物就会发现他们有一个共同的特点：不轻言放弃，不因失败而退缩。他们都有不达目的不罢休的精神。

美国实业家哈默是利比亚国王伊德里斯的朋友，科学家论证，利比亚是一个富含石油的"聚宝盆"。20世纪60年代末，在利比亚国王的邀请下，哈默踏上了利比亚的土地。他发现，除了美国为维持其轰炸基地而支出的费用外，利比亚没有其他的外来财政资助，在这里立足，除了开采石油没有别的出路。

利比亚早年在墨索里尼占领其间，有人就曾出巨资寻找过石油，后来壳牌公司耗资5000万美元打出的全是废井，他的合伙人想退出，然而他坚信科学家的论断：这里是有石油的！并且立即投入开采工作中。然而三口油井打下去，耗资500万美元，却滴油未见，哈默的合伙人再次提出放弃。哈默仍然坚持利比亚是有石油的，不能放弃。几周过去了，哈默终于在大石油公司放弃的土地上钻出了第一口石油井，紧接着，又打出8口油井，所产石油均是含硫量极低的高级原油，每天可生产10万桶。

后来，哈默这个小公司竟成为利比亚最大油田的主人，建成了全长130英里的利比亚境内最长的输油管线，日输送原油100万桶。

哈默这种追求目标、永不放弃的精神是值得所有人学习的，浅尝辄止、遇难而退是创业的大忌，也是导致失败的原因。

克劳德·普里斯说过："我们可以把梦想比喻成利用放大镜来烧东西一样，把焦距调整好才能使阳光的热量集中到一点。在太阳的热度还未到达燃点时，你必须紧紧抓住放大镜不动，只有你能坚持下来，火才能燃烧起来。我们的梦想也是如此，能否实现，就看我们的信心是否坚定，始终不放弃，直至成功。"

法国哲人伏尔泰告诉我们说："要在这个世界上获得成功，就必须坚持到底；剑到死都不能离手。"

## 做事情要有远见

"凡事预则立，不预则废。"危机总是一点一点积累的，到了一定程度，才突然爆发。做事情要早早地把隐患考虑周全，如果事到临头才去应对，难免会疏漏百出。

宋真宗时，李沆做宰相，王旦任参知政事。当时正值西北边境战事吃紧，往往到了很晚才能吃饭，王旦长叹："唉！我们这些人，怎样才能遇到天下太平、优游无事的时候啊！"

李沆说："稍有忧虑辛苦，才可让人警惕。假使哪天四方无事，则朝廷里未必不会生出事来。"

后来，宋与契丹讲和了，王旦问李沆："何如？"

李沆说："议和当然是好事。但一旦边疆无事，恐怕皇上又会渐渐生出奢侈之心。"

王旦不以为然，李沆则每天收集一些水旱灾害、强盗、乱贼以及忤逆不孝的事禀奏皇上，皇上听了，抑郁不乐。

王旦认为不值得拿这些琐碎的小事去烦扰皇上。李沆则说："皇上年少，应让他知道各方面的艰难，具有忧患意识。不然，他血气方刚，不是成天迷恋美女娱乐、斗狗跑马，就是大兴土木，征召军队，建祠立庙。我老了，看不到这一天了，而这些正是你参政之后的忧虑啊！"李沆死后，宋真宗看到与契丹讲和了，西夏也对宋称臣了，果然在泰山封岱祠，在汾水建宗庙，大肆营造宫殿，搜集研究已废弃了的典籍，没有闲暇之日。

王旦亲眼看见王若钦、丁谓等奸臣的所作所为，想进言劝谏，而自己却已经陷进去了；想离开朝廷，又念及皇上对他的厚爱，不便辞官。此时，王旦才认识到李沆的先见之明，感叹道："李文靖真是一位圣人啊！"

当局者迷，旁观者清，局中人常常难有远见。所以，身处顺境时，当有居安思危之心，多想想可能发生的危机，并加以防范，这样就能降低招致失败的风险。

## 选择小事成就大业

有些人做事重大略小，因而一事无成。真正的成事之道是：不急于做大事，而重在做小事。所谓从大处着眼，小处着手就是：看问题要识整体，做事情要具体。换言之，做事情绝不能只有大的想法而无小的手法。这就需要你在做事时留心细微之处。

维斯卡亚公司是美国20世纪80年代最为著名的机械制造公司，产品销往全世界，并代表着当今重型机械制造业的最高水平。许多人毕业后到该公司求职遭拒绝，原因很简单，该公司的高技术人员爆满，不再需要各种高技术人才。但是令人垂涎的待遇和足以自豪、炫耀的地位仍然向那些有志的求职者闪烁着诱人的光环。

詹姆斯和许多人的命运一样，在该公司每年一次的用人测试会上被拒绝申请，其实这时的用人测试会已经是徒有虚名了。詹姆斯并没有死心，他发誓一定要进入维斯卡亚重型机械制造公司。于是他采取了一个特殊的策略——假装自己一无所长。

他先找到公司人事部，提出为该公司无偿提供劳动力，请求公司分派给他任何工作，他都不计任何报酬来完成。公司起初觉得这简直不可思议，但考虑到不用任何花费，也用不着操心，于是便分派他去打扫车间里的废铁屑。一年来，詹姆斯勤勤恳恳地重复着这种简单但是劳累的工作。为了糊口，下班后他还要去酒吧打工。这样虽然得到老板及工人们的好感，但是仍然没有一个人提到录用他的问题。

1990年初，公司的许多订单纷纷被退回，理由均是产品质量有问题，为此公司将蒙受巨大的损失。公司董事会为了挽救颓势，紧急召开会议商议解决，当会议进行一大半却尚未见眉目时，詹姆斯闯入会议室，提出要直接见总经理。在会上，詹姆斯对这一问题出现的原因作了令人信服的解释，并且就工程技术上的问题提出了自己的看法，随后拿出了自己对产品的改造设计图。这个设计非常先进，恰到好处地保留了原来机械的优点，同时克服了已出现的弊病。总经理及董事会的董事见到这个编外清洁工如此精明在行，便询问他的背景以及现状。詹姆斯面对公司的最高决策者们，将自己的意图和盘托出，经董事会举手表决，詹姆斯当即被聘为公司负责生产技术问题的副总经理。

原来，詹姆斯在做清扫工时，利用清扫工能到处走动的特点，细心察看了整个公司各部门的生产情况，并一一做了详细记录，发现了所存在的技术性问题并想出解决的办法。为此，他花了近一年的时间搞设计，做了大量的统计数据，为最后一展雄姿奠定了基础。

吃得苦中苦，方为人上人。在刚步入社会的时候，不妨放下架子，甘心从基础干起。

米查尔·安格鲁是一位著名的雕塑家。有一天，安格鲁在他的工作室中向一位参观者解释为什么自这位参观者上次参观以来他一直忙于一个雕塑的创作。他说："我在这个地方润了润色，使那儿变得更加光彩些，使面部表情更柔和了些，使那块肌肉更显得强健有力；然后，使嘴唇更富有表情，使全身更显得有力度。"

那位参观者听了不禁说道："但这都是些琐碎之处，不大引人注目啊！"

雕塑家回答道："情形也许如此，但你要知道，正是这些细小之处使整个作品趋于完美，而让一件作品完美的细小之处可不是件小事情啊！"

那些成就非凡的大家总是于细微之处用心、于细微之处着力，这样日积月累，才能渐入佳境，出神入化。

应关注未做完的小事，如任其积累，他们会像债务一样令人焦虑不安。应该先做小事，而不是先做大事，一旦我们不停地关注那些我们能够完成的小事，不久我们就会惊异地发现，我们不能完成的事情实在是微乎其微的。

千里之行，始于足下。认真做好小事，精益求精是打开成功之门的金钥匙。

# 第四章 善借外力

—— 智者当借势而为，借力而行

## 用心打造良好的人际关系

蜘蛛多生活在屋檐下或草木中。它的尾部能分泌粘液，这种粘液一遇空气即可凝成很细的丝。蜘蛛以昆虫为食，它常在不易被破坏的旮旯、树梢、草丛以及昆虫时常出没的地方结出一个八卦形的网。比如金园蛛的体形较大，它的网粘性极强，连重量轻一些的鸟都会被它的网粘住。平时，尽管蜘蛛不在网上，但网上的细丝总有一根连通着蜘蛛休息的地方，昆虫只要一触网，蜘蛛就会获得信息。

蜘蛛是通过它织的网来获得信息的，那么人是如何获得自己想要的信息的呢？如果你还没有想好确切的答案，不如像蜘蛛一样结网。

人是群居动物，人的成功只能来自于他所处的人群及所在的社会，只有在这个社会中游刃有余、八面玲珑，才可为事业的成功开拓宽广的道路，没有非凡的交际能力，免不了处处碰壁。所以，你要想成功，就一定要营造一个成功的人际关系。

刘易斯是洛杉机一家大公司的初级会计。在公司内部机构几经调整后，他感到对各方面的工作都能应付自如了，于是希望能从西部调到纽约去，以便拥有更好的前途。

但他与纽约的各家公司都没有任何联系，所以只能通过写信和职业介绍所来和他所知道的一些公司取得联系。但一直未能获得满意的结果。

于是，刘易斯决定通过人际关系来办这件事。他绞尽脑汁搜寻了一下自己所能利用的各种关系后，列出了一个分类表。从这个表格中，他选出可能给他提供帮助的一些关系。然后，他把这些人记下来，他们直接或间接地同他想去的纽约州都有联系，并且同会计公司有关。

然后，他又进一步考虑这些人中哪些人同会计公司的关系更密切。他最终选出了两个人：一个是他的老板汤姆先生；另一个是他姐姐的好朋友杰瑞。

刘易斯下一步的行动，也是最重要的一步，就是想办法让自己先有机会去帮助能给自己提供帮助的人。一旦能做到这一步，那么对方就会以报答的方式来帮自己实现愿望。

刘易斯通过姐姐得知，杰瑞对参加一个女大学生联谊会很感兴趣。于是，他就找到了自己的一位好朋友史狄芬，因为这位好友的妹妹朱迪正是这个联谊会的成员。

刘易斯结识了朱迪，通过朱迪的介绍，杰瑞见到了联谊会的主席，并顺利地成为该会的委员。

杰瑞为此专门举行了一个庆祝晚会，并在晚会上把刘易斯介绍给了她的父亲。虽然她父亲同在纽约州的任何公司都没有直接联系，但他是一名律师，他在那里的律师圈子里是很有声望的。

没过多久，在杰瑞父亲的一位朋友的帮助下，刘易斯认识了纽约州一家职业介绍所的总经理。在那位总经理的热情推荐下，刘易斯终于如愿以偿，不仅顺利调到了纽约州，而且得到了一个十分满意的职位。

从以上这个事例可以发现，我们应该广泛地与各种各样的人交往，并充分发现和发挥每个人的特殊价值，使不同的人际关系都能给自己带来帮助。

人际关系之所以影响力巨大，很重要的一点在于它可以避免个人价值在人力市场中处于被人"待价而沽"的尴尬劣势，提高个人做选择的决定权。

有调查数据显示，在职场中工作超过 5 年以上而需要换工作的人中，依靠人际关系调动工作的超过了 70%。

广结人缘，其实就是在给自己制造良好的人际关系。不管什么人，只要在社会中生存，就离不开与别人交往合作。

小王在一家大公司做销售经理，两年后他辞了职，提出的唯一请求是，允许他继续使用公司配备的手机号码。"在这家公司工作两年，如果换了手机号，原来的朋友、客户很可能找不到我，那我就真是一无所有了。"

小王这样说。

小王辞职后，摇身一变成为某一个工业园的高级顾问，月薪 5 万。他的目的当然不在于此，所谓顾问，其实就是向那些有兴趣到这个工业园投资的商家宣传，介绍合适的项目，最终说服其在工业园区投资设厂，并为他们争取尽可能优惠的条件，从而赚取不菲的佣金。

短时间内，小王就为工业园区陆续引进了几个大项目投资。后来，他还同时兼任附近几个工业区的顾问。他名片上的顾问头衔每增加一个，收入就增长一倍。

每个人都有独特的优点。所以，在构建人际关系时，一定不能太单一，也不要完全局限于自己的同行或具有共同爱好与兴趣的人中间。最关键的是要能做到优势互补，既能使自己的优势为其他人提供必要的帮助，也能使其他人的优势对自己发生作用和影响。

## 精心编织"友谊网"

罗曼·罗兰说过："有了朋友，生命才显示出它全部的价值。'智慧'和'友爱'是照明我们黑夜的唯一的光亮"。故事中后两个人之所以在极端困苦的情况下能够生存下来，并最终过上幸福的生活，靠的不是别的，而是相互间的支持，靠的是相互交朋友。

"嘤嘤其鸣矣，求其友声；相彼鸟矣，犹求友声。"马克思和恩格斯之间的革命友谊是人类历史上最光辉、最动人的友谊。马克思的女儿爱琳娜说，她父亲和恩格斯的友谊，像希腊神话中达蒙和芬蒂阿斯的友谊那样，成为一种传奇。马克思与恩格斯之间的友谊，从青年延续到老年，跨越了整整 40 年。他们情同手足、亲密无间、互相尊重、互相信任。两人共同创立了科学社会主义理论，领导了无产阶级革命运动。他们所取得的每一项伟大成就，都是共同的艰苦劳动和崇高友谊的结晶。这种友谊鼓舞他们克服一切悲痛和困难去为共同的事业努力奋斗。1885 年 4 月 6 日，马克思的儿子埃德加因病去世。中年丧子，这是马克思一生中最伤心的事。4 月 12 日，他在给恩格斯的信中写道："在这些日子里，我之所以能忍受这一切可怕的痛苦，是因为时刻想念着你，想念着你的友谊，时刻希望我们两人还能够在世间共同做一些有意义的事情。"

俗话说：一个篱笆三个桩，一个好汉三个帮。好汉需要帮手，离开了桩子也就没有了篱笆。孔子用"独学而无友，则孤陋而寡闻"教育弟子，法国用"人生没有朋友，恰似生命中没有太阳"的谚语警示世人。无数的事实告诉我们，要想活出点味道，干出点名堂，朋友是必不可少的条件。

西汉刘邦出身低微，学无所长。文不能著书立说，武不能挥刀舞枪，但他天生豪爽，善于结交人，胆识无双。早年穷困莫名时，他身无分文，却敢独座上宾。押送囚徒时，居然敢私违王法，纵囚逃散。斩白蛇起义后，因为能够善待能人，许多豪杰之士都投奔于他。像韩信、彭越、英布等威震天下的悍将，原先都是他的死敌项羽的人。而萧何、曹参、张良等也是他早先的友人，而正是这些人，帮助他成就了帝王之业。

帝王将相成就霸业需要借助他人之力，平民百姓更是如此。

那么，如何编织自己的"友谊网"？

其一，不要拒绝真朋友

其二，不断结交真朋友。

其三，接纳与你持不同观点的优秀朋友。

其四，与有进取心的人做朋友。

一个人在社会上打拼，仅凭一己之力，是很难有大的成就的。因为一个人的力量毕竟太有限了，就算你浑身是铁，也打不成几个铁钉。这一点微薄之力甚至连自己都保护不了，又怎么能和别人竞争呢？而真正的友谊，能够产生巨大而神奇的力量。

## 找个"贵人"缩短奋斗时间

有句话说"七分努力，三分机运"。我们一直相信"爱拼才会赢"，但偏偏有些人是拼了也不见得赢，关键可能在于缺少贵人相助。在攀向事业高峰的过程中，贵人相助往往是不可缺少的一环，有了贵人，不仅能替你加分，还能加大你成功的筹码。

也许你是一个聪明透顶的人，有着足够的胆识谋略，但是，如果你不走出来，你的一切努力也许只有你自己清楚，只有自己默默地付出。现今是一个追求效益的时代，让别人看到你的存在，看到你的成绩，会有意想不到的收获，尤其是要让知名人士注意到你的存在，肯定你的成绩，因为这是最好的广告。

巴纳斯是大发明家爱迪生生前唯一的合伙人，他是一个意志坚强、勤奋努力的人，当初他一无所有。他在爱迪生那里谋到了一份普通的工作，做设备清洁工和修理工。当时爱迪生发明了口授留声机，但是公司的销售人员不能把它卖出去，巴纳斯这时主动申请做了留声机的销售员，但工资依然是清洁工的薪水。当时这种机器不是很好卖，巴纳斯跑遍整个纽约城，才卖了7部机器，应该说已经是一个不错的业绩了。他通过总结这段时间的销售经验，冥思苦想制定了留声机的全美销售计划，然后把计划拿到爱迪生办公室。爱迪生看过后，非常高兴，很欣赏他的计划，也为他的努力和细心而感动，同意巴纳斯成为他的合伙人。从此巴纳斯成了爱迪生一生中唯一的一位合伙人。

巴纳斯的辛勤工作和具有创造性的工作得到了老板的赏识，也因此，巴纳斯从一名小小的清洁工雇员成为爱迪生的合作者。自然，他的收入也将不再与清洁工的薪水相提并论。

做事、立事，谁不希望自己能够一帆风顺，一夜之间成名得利。作为一个像巴纳斯这样的小人物做到这一步谈何容易？要不是依靠爱迪生的名气，他再有才能，再努力奋斗，在一个竞争激烈的商品社会中也是难以成功的。贵人的力量就在这里。

刘勰是南朝梁时期的文学理论批评家，他很小的时候就失去了父亲，生活极为贫穷，但他笃志好学、博经通史，《文心雕龙》是他的代表之作。他生活的年代盛行门阀制度，一个人出身的贵贱决定了这个人在社会上的地位高低，像刘勰这样出身低微的平民，自然默默无闻，无人知晓，因其社会地位，《文心雕龙》写成后也根本得不到重视。但刘勰本人十分自信，深知自己著作的价值，不愿意看到用心血写成的书稿湮没，决心设法改变这种局面。

沈约是当时的文坛领袖，有着很高的声望，刘勰想请他评定写成的《文心雕龙》，借以赢得声誉。但是沈约身为名流，哪能轻易见到？但刘勰想出了一个主意。一天，刘勰事先打听到这几天沈约有事外出，于是背上自己的书稿，装成卖书的小贩，早早地等在离沈府不远的路上。当沈约乘坐的马车经过时，刘勰乘机兜售。沈约喜欢读书，当即停下来，顺手取书一阅，见是自己没有读过的书，便随手翻阅起来。这一看，沈约被深深地吸引住了，当即买了一部带回家去，放在案头认真阅读。在以后上流社会举行的聚会中，沈约还不时地向别人推荐这本书。当时文坛的人见沈约对这本《文心雕龙》如此推崇，大家群起效仿，争相传阅，刘勰很快名声大噪。

假如没有沈约的赏识，我们也难以知晓刘勰是何许人也，更不知道还会不会有传世名著《文心雕龙》。

可以这样认为，找到一个乐意帮助你的贵人，能够大大缩短你的奋斗时间。

## 通过你的对手获益

在森林中，树木相互争夺阳光、养料和水分，是竞争关系，但它们也互相提供协助。假如某棵树打败所有对手成为孤零零的一棵参天大树，它要么会被大风吹折，要么会被雷电击毁，总之无法独自生存。

人与人的关系也是这样，对手之间不是非成即败、非存即亡的关系。在经济全球化时代，我们越来越依赖对手的存在而存在。

所以，我们不要总是思考如何将坏结果强加给对手，更要考虑如何从对手那里得到好处。

第一次去远航的人，大可不必先造船，再试航，最后再去远航。他完全可以借别人的船，或搭别人的船远航。这样既省时间，又是一个安全的良策。

20世纪50年代，美国黑人化妆品市场由佛雷化妆品公司独霸天下。后来，一位名叫乔治的供销员看准了这一行生意，便毅然辞职，独立门户，创立乔治黑人化妆品制造公司。他当时只有500美元资金、3名职员，唯一能生产的是一种粉质化妆膏。乔治很清楚，要在佛雷公司的垄断下争夺市场，十分不易，搭乘人家的船，牵住人家的衣角，趁便往前走，也许更现实。

不久，乔治的粉质化妆膏上市了。他经过反复思考后，决定推出这样一则促销广告："当你用过佛雷公司的产品后，再擦上乔治粉质化妆膏，将会有意想不到的良好效果。"

对这种宣传方法，乔治的部下都持反对意见，他们认为这是替竞争对手做广告，那不是贬低自己吗？乔治说："正因为他们的名气大，我才这样做。我并不是给他们做免费广告，而是借此抬高我们自己的身价。这就像如果你和卡特总统一起留过影，人们便要对你刮目相看一样。我这种战术就叫作借船出海。"

乔治的这一妙招果然收到了效果。广告刊出后，顾客们不仅很快地接受了乔治公司的产品，而且也没有引起佛雷公司的警惕。于是，乔治一鼓作气又推出了黑人化妆品系列，扩大占领市场。

几年后，等到佛雷公司发觉乔治公司已经能对它的市场地位构成严重威胁时，为时已晚。乔治公司的发展势头已锐不可当。后来，佛雷公司在美国市场上渐渐地消失了，而乔治则开始独霸美国黑人化妆品市场，并且把眼光投射到其他有黑人的国家，使全世界的黑人都开始接受并使用他的系列化妆品。

在借用对手之力时，不要害怕做有助于对手的事。你不妨这样想：竞争对手是如此强大，无论是攻击他还是帮助他，都不会给他造成多大的影响。那就没有必要考虑对手会得到什么结果，只需考虑自己从这件事中能得到什么结果。

所谓对手，是就利益得失而言。如果对方不利于自己的利益，就是对手；如果有利于自己的利益，就成了朋友。一个人想干成大事业，最聪明的办法不是打败对手，而是让对手变成能给自己带来利益的人。可以说，能够通过对手获益，是最大的成功。

## 做智慧型模仿者

一个人要办事情，首先必须开动脑筋，让自己的思维细胞灵活运作，想好自己能干什么，不能干什么。唯有这样，才能找准自己的人生坐标。但是我们常常发现有这样一种人——盲目的模仿者，自己不开窍，只是模仿别人，所以授人以柄，更难以成己之事。

《伊索寓言》里有这样一个故事：有一天，动物在森林里聚会，突然间一只猴子跑出来跳舞，动物看到它的舞姿都赞不绝口。你一句，我一句，大家热情地赞美猴子。一只坐在角落里的骆驼，看到这样的情况，心里非常羡慕。骆驼心想："我要想个办法，让大家称赞我一番。"

于是，骆驼就站起来大声说："各位，请安静一下，我要跳一支骆驼舞给大家看。"动物听了都很兴奋，张大眼睛看着。骆驼鞠躬之后，开始摇摆身体，它滑稽、丑陋的舞姿，不仅没有获得动物的赞美，反而引来大家的嘲笑。骆驼觉得很没面子，就偷偷地溜出森林躲起来了。

还有一则寓言说：

有个人养了一头驴和一只哈巴狗。驴子关在栏里，虽然不愁温饱，却每天都要到磨坊里拉磨，到树林里去驮木材，工作挺繁重，而哈巴狗会演许多小把戏，很得主人欢心，每次都能得到好吃的奖励。驴子在工作之余，难免有怨言，总抱怨命运对自己不公平。这一天机会终于来了，驴子扭断缰绳，跑进主人的房间，学哈巴狗那样围着主人跳舞，又蹬又踢，撞翻了桌子，碗碟摔得粉碎。驴子还觉得不够，它居然趴到主人身上去舔他的脸，把主人吓坏了，直喊救命。大家听到喊叫急忙赶到，驴子正等待奖赏，没想到反挨了一顿痛打，被重新关进栏里。

无论驴子多么扭捏作态，都不及小狗可爱，甚至还不如从前的自己，毕竟这不是它所能干的行当。

两则寓言，意义深刻，说明这样一条成事之道：每个人都有各自的特点，都有适合自己的成事之道，也有不适合自己的成事之道，看人家做得好，但自己未必能行，还不如善思多想把自己的本行做出特色来，让别人来羡慕你呢！其实，并不是所有模仿都会落得如此不堪的下场。模仿可以分两种，一种是愚昧无知、东施效颦式的模仿。另一种类型的模仿是智慧型的模仿，即在模仿的时候发挥自己的创新才能。

当今世界上，最善于模仿者首推日本人。日本经济令人目眩的背后是什么？是了不得的创新？可能有一些吧，但是如果你翻开过去20年的工业历史，就会发现很少有重大的新产品或尖端的科技是发源于日本。日本人只不过剽窃了美国的点子和商品，从汽车到半导体的一切东西，再加以巧妙的模仿，只保留精华，改进其余部分。

智慧型的模仿或者说思考性的模仿是建立在发挥自己的特性、肯定自我的基础上，不仅要学习别人的经验，还要能不拘一格，不断地寻找更多的、更灵活的、更有效的方法，去完成你的心事。

不难发现：在现实生活中，模仿别人成功的人，为数不少。所以这是一种普遍而流行的成事之道。通过上面的几个案例，你是否已经开动脑筋，准备去做一个智慧型的模仿者呢?

## 看人要看潜力

看人不能只注重学历、履历，这些当然是有用的，但不是绝对的。一个人只要有潜力，再加上勤奋，就一定是可造之才。

李鸿章的淮军收罗了不少猛将，有一次，李鸿章想让曾国藩给他们"相相面"，看看他们的潜力。

这些将领来到安庆集中后，第二天曾国藩就亲自接见，以表示重视。当时大概共有十余名将领，其中张树声个子最高领头，刘铭传身材短小垫后，鱼贯而入进了曾国藩的议事厅，足足等了两个多小时，曾国藩在屏风后面来回踱步，就是不出来。结果张树声最有耐心，而刘铭传则暴跳如雷，口中骂声不绝。曾国藩在幕后观察的结果，对这两个人尤为满意，认为是不可多得的将才。

还有一种说法，一天傍晚，曾国藩在李鸿章的陪同下，悄悄来到淮军的营地，看到淮军的将弁们，有的赌酒猜拳，有的倚案看书，有的放声高歌，有的默坐无言。其中"南窗一人，裸腹踞坐，左手持书，右手持酒，朗诵一篇，饮酒一盏，长啸绕座，还读我书，大有旁若无人之概。视其书，司马迁《史记》也。"曾国藩在回来的路上对李鸿章说：众位将领都可以立大功、任大事，将来成就最大者，就是那个裸腹读书人。此人即是后来成为淮军名将的刘铭传。

程学启战死后，刘铭传是淮军当之无愧的第一名将，也是李鸿章的看家之宝。曾国藩发现的这一个人才，从某种意义上说，也成就了李鸿章的功名事业。

刘铭传，字省三。安徽合肥人。从小便胸怀大志。咸丰四年（1854），太平军攻陷庐州，安徽地方乡团筑起堡垒进行自卫。刘铭传父亲刘惠世被其他堡的豪强之人侮辱，刘铭传当时只有18岁，但他却追赶数里杀死了那人，为父亲报了仇，从此他便被各乡团推重。后来他跟随清军攻克了六安，援救寿州，清廷为奖励他的战功，提升他为千总。

同治元年（1862），刘铭传率练勇跟随李鸿章到达上海，他的部众号称"铭字营"。在作战中接连胜利，收编了不少太平军，势力越来越大。两年间，他被迅速提升为记名提督。不久他又攻克无锡，赏加他头品顶戴。

同治三年（1864）春天，刘铭传率军攻占了常州，杀死太平军守将陈坤书，因战功被赏穿黄马褂。

同治四年（1865），曾国藩率军围剿捻军，因为湘军被裁撤大半，淮军就成了主力部队。淮军自从程学启死后，刘铭传成为诸将之首，因此也就成了曾国藩部下的主力。在作战中多次击败捻军，被提升为直隶提督。由于捻军善于流动作战，清军也屡屡受挫，曾国藩便和刘铭传商定了"河防之计"，以静制动，逐渐把捻军逼到绝路上。

曾国藩对其他一些淮系将领如郭松林、潘鼎新等都不是很满意，但对刘铭传是很看重的，对他的评价也很高，在给李鸿章的密信中，多次称赞过他。

同治七年（1868）二月初二日，曾国藩在信中说："东捻肃清，将帅皆劳浮于赏。鄙人无功授爵，只益怀惭。张逆直犯保定。谕旨于左帅尚有恕辞，而少泉方谋人卫，责望遽深，亦岂责备贤者之例耶？"

"省三（即刘铭传）劳苦功高，酬庸稍薄，量予休息，自属人情。现已暂假归沐。稍迟旬日，敝处当婉致一函，劝其复出也。"

同治九年（187）二月十一日，他在信中又说："子务、乐山皆系好手，省三知人善任，宜其所向有功。"同年三月初六日，他又说："省三谋勇绝伦，为诸将所乐从。若能别开生面，不复续调此三营马队，则更妙矣。"

从信中可见，曾国藩对刘铭传格外倚重。刘铭传对曾国藩也很敬服，乐于听他的指挥。他还虚心好学，特别喜欢作诗，经常把自己的新作交给曾国藩，请他指正。曾国藩也的确给了他不少指导，刘铭传虽然是个武人，但也有很大的进步，后来还留下了诗集，得到很多著名诗人的赞赏。

曾国藩离开徐州担任直隶总督后，李鸿章接替曾国藩镇压捻军，刘铭传接着执行"河防之计"，最终将这场轰轰烈烈的农民起义镇压了下去。刘铭传战功显赫，是这次胜利的第一功臣，曾国藩和李鸿章联名上奏，朝廷下令封他为一等男爵。

曾国藩去世后，刘铭传又多次担任要职，他是中国近代提议兴修铁路的第一个政府高级官员，说明他是有远见的。而他在中法战争和保卫台湾中所做的贡献，也的确证明了曾国藩对他的鉴别和期待。

看人不能只注重学历、履历，这些当然是有用的，但不是绝对的。曾国藩看人不看经历，而是一下子看透这个人的潜力和前途。他亲自为李鸿章挑选了部下，这些人不但为李鸿章打开了局面，还保全了曾国藩的后路。

## 关键时刻保护下属

当下属在工作中犯了错误，受到大家责难，处于十分难堪的境地时，作为领导者，不应落井下石，更不要抓替罪羊，而应勇敢地站出来，实事求是地为下属辩护，主动分担责任。

魏扶南大将军司马炎，命征南将军王昶、征东将军胡遵、镇南将军毋丘俭讨伐东吴，与东吴大将军诸葛洛对阵。毋丘俭和王昶听说东征军兵败，便各自逃走了。

朝廷将惩罚诸将，司马炎说："我不听公休之言，以至于此，这是我的过错，诸将何罪之有？"

这一年雍州刺史陈泰请示与并州诸将合力征讨胡人，雁门和新兴两地的将士，听说要远离妻子去打胡人，都纷纷造反。司马炎又引咎自责说："这是我的过错，非玄伯之责。"

老百姓听说大将军司马炎能勇于承担责任，敢于承认错误，莫不叹服，都想报效朝廷。司马炎引二败为己过，不但没有降低他的威望，反而提高了他的声名。

如果司马炎讳败推过，将责任推到下边，必然上下离心，哪还会有日后的以晋代魏的局面呢？

由于统帅在治理军队、治理国家时严于律己，所以他们在军民心目中有极高的威信，做到了有令必行，有禁必止，军队的士气旺盛、战斗力强。

威信，就是威望、信誉，是霸主们必须具备的素质。有威信的霸主其计划、指令、任务容易被下属接受。他的指示、意见令下属信服，他领导的团体就是一部完整的机器，能快速、高效地运转起来。否则，决不会有所作为。

树立威信的要素很多，严于律己首当其冲。古人云："人非圣贤，孰能无过。"其实圣贤也不一定无过。关键是有自知之明，有自我发落的勇气。

将帅的威信从律己中来，这是一个既浅显又深奥的道理。"身不正则令不从，令不从则生变。"对于雄霸天下的人来说，有了这种威信，就有了感召天下的力量源泉。

在领导者眼中，你的下属犯错，即等于你的错，起码你是犯了监督不力或用人不当的错误。下面介绍几种宽容下属的方式：

1. 佯装不知

在下属偶犯过失，懊悔莫及，已经悄悄采取了补救措施，未造成重大后果，性质也不甚严重时，就应该佯装不知，不予过问，以避免损伤下属的自尊。一件工作、一项任务完成以后，要充分肯定下属为此付出的努力，把成绩讲足，客观分析他们的失误，把问题讲透。这样其工作得到承认，不足也得到指点，就会在以后的工作中扬长避短，提高自己。特别需要注意的是，对那些勤恳工作、超负荷运转和善于创新的下属要格外爱护。在一般情况下，他们的失误可能多一些，他们更需要关心、支持和理解。

2. 暂不追究

在即将交给下属一件事关全局的重要任务时，为了让下属放下包袱，轻装上阵，领导者不要急于结算他过去的过失，可以采取暂不追究的方式，再给他一次将功补过的机会，甚至可视具体情节的轻重，减免对他的处分。

3. 暂不声张

护短之前，不必大肆声张，护短之后，也无须用语言来点破，更不需要主动找下属谈话，让下属感谢自己，唯有一切照旧，若无其事方能收到最佳效果。

4. 分担下属的过错

当下属在工作中犯了错误，受到大家责难，处于十分难堪的境地时，作为领导者，不应落井下石，更不要抓替罪羊，而应勇敢地站出来，实事求是地为下属辩护，主动分担责任。这样做不仅拯救了一个下属，而且将赢得更多下属的心。

5. 关键时刻为下属护短

关键时刻护短一次，胜过平时护短百次。当下属处于即将提拔、晋级的前夕，往往会招致众多的挑剔、苛求和非议。这时候，作为一个正直的领导者，就应该站在公正的立场上，奋力挫败嫉贤妒能者，压制冒尖的歪风邪气，勇敢保护那些略有瑕疵的优秀人才。

# 第五章

# 巧出新招

## ——打破常规思维，眼前豁然开朗

## 抢先一步出手

在市场上，新即是价值。有时候，人们宁可抛弃一个很有价值的旧事物，而选择一个价值不大的新事物。所以，跟在别人后面亦步亦趋是没有出息的，要想做大生意赚大钱，一定要抢在对手之前出新招。

在田径运动场上，冠军只比亚军快零点一秒，却将夺得所有的光荣；在商场中也是这样，"快鱼吃慢鱼"，领先对手的一个要点是，根据对手的策略，抢先一步下手。

和田一夫曾在日本伊东市开设了一家规模较大的八佰伴分店。此时，伊东已经有十字屋和长屋两家超级市场，信誉颇佳，当地市民有一种说法："买衣购物，必上两屋。"八佰伴分店虽规模不小，但由于迟来一步，开业后一直不景气，虽然打出"全市最低价"招牌，直到第三年才把生意做开。这件事使和田一夫深刻认识到先人一步的重要性。

后来，和田一夫的八佰伴分店刚在富士站稳脚跟，伊藤羊华堂也准备在此开设分店。伊藤羊华堂是一家实力极雄厚的大型百货公司，分店遍及全国。跟它相比，八佰伴明显实力不足。

这天，和田一夫收到一张伊藤羊华堂的广告宣传单，他仔细阅读，忽然想到一个计策。

原来，伊藤羊华堂准备在开张期间推出一批廉价货，作为争取顾客的第一步。和田一夫马上组织特别小组，马不停蹄地照这张宣传单进货，并赶印了 10 万张海报，抢先在伊藤羊华堂的生意目标区全面分发。

伊藤羊华堂开张前一天，八佰伴张灯结彩，展开了廉价大售卖，卖的全是伊藤羊华堂准备推出的商品，而价钱更便宜！

抢购便宜货的人从四面八方赶来，竟造成交通大堵塞。当地报纸、电台报道了这一消息，引起更大的轰动！

结果，伊藤羊华堂正式开张后，生意出乎意料的清淡。

只因一着占先，八佰伴在这场竞争中大获全胜。

在战争中，为了先敌一步占得有利地形，部队经常不得不抛弃辎重，不顾疲劳，昼夜急行军。在商场中，为了先敌一步，有时也不得不付出代价，不顾一切"急行军"。

当 IBM 公司全力进行电脑产品开发时，它的竞争对手也没闲着，都想在这场厮杀中占得先机。董事长小沃森不得不一再催促他的部下："马上进行，而且价格一定要比对手低！"

IBM 将研究人员分成三个班次，全天 24 小时作业，每个人都忙得不可开交。

正在这时，美国空军准备兴建一个名为"半自动地面环境"的雷达网络系统，需要大批电脑。负责该项目的工程师福雷斯特参观了包括兰德公司、IBM 公司在内的五家最优秀的电脑制造的公司。很显然，哪家公司首先拿出令人满意的电脑产品，谁就将得到这个惊人的大订单，并一举成为电脑行业的龙头老大。

小沃森将这个机会当作近期工作计划中最重要的一件事。他首先避重就轻，争得这个项目初级建设的一部分任务，即与麻省理工学院联手进行样机的制造。沃森知道，制造样机的任务与后面的生意关系甚大，不敢怠慢，马上投入 700 人参与这一项目，从设计到制造合格的样机，只花了 14 个月的时间。

虽然 IBM 成功地制造了样机，但并不能保证一定能拿到整个工程的下一步任务。这几十台大型电脑的合同最终花落谁家，还是一个未知数。小沃森深知赢得这个合同的重要意义，他恨不得将福雷斯特的手按在合同上签字。但福雷斯特一直拿不定主意。

小沃森决定不惜一切代价拿到这笔合同。他告诉福雷斯特，如果把生意交给 IBM，在合同签订之前，IBM 可以专门兴建一座生产工厂，以确保这个合同能不折不扣地兑现。小沃森对福雷斯特说："只要你点头，一周内我们就可以开始盖工厂。"

福雷斯特终于满意地点了头。IBM 做成了这笔大得惊人的买卖。自此，它开始在电脑行业遥遥领先，并长时间稳居霸主宝座。

竞争如同弈棋，一着失先，则步步落后，需要花费很大努力才能扭转被动局面。一着占先，则步步主动，利于掌控全局。所以，做在对手前面，无疑是事半功倍的竞争法门。

## 在常规之外找办法

机会常常在他人意想不到的地方，而不在人人都能看到的地方。因此，要想获得成功机会，需要在常规思维之外寻找出路。

20 世纪初，美国妇女以胸部平坦为美，否则会被认为是没有教养的下等人。女孩子们都流行束胸，就像那时的中国女性流行裹脚一样。

伊黛也是受过束胸之苦的女人中的一个，她知道用一条布带勒紧胸部的感觉。她想，有什么法子能减轻姑娘们的痛苦呢？那时候，她正与人合伙开了一家小服装店。她决定将这种想法体现在服装设计中。经过一番苦心揣摩，她想出了一个折中方案：用一副小型胸兜来代替捆扎的束带，然后在上衣胸前缝制两个口袋来掩饰胸部。

不久后，伊黛将这种新服装推向市场，很快成了畅销货。伊黛尝到甜头，信心大增。她决定研究出一种比胸兜更方便、更符合女人自然天性的服装。没过多久，她就设计出了一种具有历史意义的产品——胸罩。伊黛凭直觉就知道胸罩一定会大受女人们欢迎。问题是，它会不会受到来自男性世界的反对和阻挠？这完全有可能！

伊黛犹豫再三，终于决定：跟传统观念较量一下。于是，她成立"少女股份有限公司"，批量生产胸罩。这批反传统的产品在纽约上市后，宛如平地一声惊雷，引起妇女界、服装界的轰动。胸罩很快被抢购一空。出乎伊黛的意外，虽然有一些人跳出来攻击，但附和者寥寥无几。姑娘们看到反对之声不大，胆子更大了，胸罩便逐渐成为一种新的服装时尚。

伊黛的少女公司迅速壮大，几年后，员工由最初的十几人增加到上千名，销售额增加到几百万美元。

任何一种方法，都有一种乃至多种更好的方法可以取代它。通常人们喜欢按常规方法做事，因为这是最安全的选择。但是，有成功潜质者，宁可冒一些风险，另辟蹊径，以求出奇制胜。

香港"领带大王"曾宪梓是一位白手起家的创业英雄。他经过多年辛苦打拼，终于创出"金利来"这个名牌。

有一年，受石油危机影响，香港市场一片萧条。为了熬过这一关，厂家和商家纷纷抛出"大减价"这种老招数，争夺有限的市场。"金利来"领带也面临严峻挑战，订单急剧减少，产品积压严重。

曾宪梓想用减价促销的方法来消灭库存。但他转念一想：大家都降价，跟在别人后面做，效果值得怀疑；再说，商人的天职是追求合理利润，跟别的名牌领带相比，"金利来"价格原本偏低，调价空间很小，勉强降价，合理利润就没有了，而且有失名牌身份。但是，公司生意已陷入僵局，不变肯定不行！如何变呢？曾宪梓做出了一个惊人的决定：提价。

在市场低迷时提价，有悖常理，但正是这个有悖常理的决定拯救了"金利来"：当其他领带厂家大打价格战时，"金利来"的提价，俨然是在向市场宣告自己的尊贵身份。结果，它成了那些在不景气时仍买得起领带的人最欣赏的产品。"金利来"在市场上一枝独秀，销量喜人，曾宪梓也由此确立了香港"领带大王"的地位。

成功的意思，有时即是出格——要么突出于众人之上，要么挺立于众人之外，总之，要处在比较醒目的地方，让尽可能多的人看得见，听得见，感觉得到。既然如此，就需要突破常规思维，做一些比较出格的事。

## 特色就是竞争力

在商场中，新产品与新技术确实比较容易争得领先优势，但是，产品与技术很容易被竞争对手复制，也许过不了多久，相似的产品就出现了，甚至复制产品比原产品缺陷更少、使用更方便、价格更便宜。所以，新产品只能争得暂时的优势，而不是永久的优势。

要想保持长久的优势，一定要有对手不易模仿的特色。比如可口可乐，它的配方中有一种"神秘物质"，上百年来，无数对手进行研究，都未弄清它究竟是什么，所以可口可乐一直都是一种特色鲜明的王牌饮料。

在做生意时，最好不要一味模仿别人，要强调自己的特色，坚持自己的特色，直到它被市场接受。

费拉加莫出身于意大利一个贫苦农家，少年时即在鞋店学会了手工制鞋的手艺。后来他移居美国，曾在加利福尼亚一家制鞋厂打工。干了几个月后，他深深感到，流水线无论如何都做不出令人满意的鞋。因为人的脚大小形状各不相同，这不是流水线生产的有限规格能满足的。虽然这种鞋便宜，但一定会有人宁愿出更多的钱，买到按他们的脚定做的鞋。于是，费拉加莫离开工厂，办起一家手工制鞋铺。

费拉加莫对市场的判断果然没错。虽然绝大多数人出于经济考虑，不得不接受流水线生产的鞋，那些有钱的阔佬和明星，却崇尚舒适和时髦。费拉加莫将这些人定为目标顾客群，每双鞋都按对方的脚专门设计，特别强调完美和艺术性。

后来，费拉加莫做出了名气，世界上最著名的人物纷纷把脚伸到他的面前，包括英国女王、荷兰公主、阿拉伯王后、各种爵位的贵夫人，以及几乎所有的著名影星。费拉加莫按照顾客的脚的尺寸，用手工雕出各人专用的鞋楦，放在陈列室里，并写上名字。在这里，几乎可以找到近几十年来全部奥斯卡金像奖获得者的名字。

在费拉加莫所做的鞋中，有用 18K 金做的轻便鞋，用珍珠和钻石装饰的舞会鞋，用褐色鳄鱼皮做的尖嘴鞋，以及像手套一样柔软的骑马牧靴。但是，制鞋材料并不是最主要的，最有价值的是费拉加莫的技艺、灵感和精益求精的精神。他把自己的灵魂做进了每一双鞋里。

通过他的手，鞋不再是无关紧要的附属品，它们成为玲珑剔透、精美绝伦的艺术之珍。费拉加莫因自己的劳动而成为巨富，他还被誉为"当代幻想鞋大师"。

在商品或服务的特色中，离不开文化的渗透。没有深厚的文化底蕴，所谓特色，不过是吹起的肥皂泡罢了，五彩缤纷的美丽，只能维持一时的热闹。只有让文化很自然地渗透到你的产品或服务中，你才获得了对手难以模仿的特色。

1954年，日本航空公司开辟了它的第一条国际航线。跟美国的大型航空公司相比，日本航空公司不过是一个小弟弟，不具备任何技术优势。为了提升竞争力，日本航空公司在这条航线上全部聘用美国驾驶员，以增强乘客对安全飞行的信心。在服务方面，却强调日本文化独有的特点。

首先在广告上，刻意强调日航空中小姐的特色服务，为人们勾勒出一个完美的日本女性形象。经过多次完善，这个广告形象定位是：一位身穿和服的日本女性，模样甜美可爱，笑容温馨动人，仪表十分优雅别致，她笑盈盈地双手托盘奉茶，温柔地指导旅客如何用筷子；她注目微笑，纤手半掩樱唇，低声答问……总之，一举一动都充分展示了日本女性的柔美温顺。

当这个广告形象在世界各大都市的各大传播媒体上反复播出后，深深打动了各地乘客的心，使日航知名度直线上升。许许多多的外国旅客，都特别渴望乘坐日航的飞机，以便好好享受日本空姐优雅柔顺的服务。

当然，日本航空公司并非只是如此宣传而已，它的空中服务确实温馨动人，被公认为世界第一。所以，它的业务迅速扩大，市场地位也迅速攀升，至1996年，已跃居世界第五位。

产品或服务的特色，跟环境有关系，一种在此地习以为常的东西，在彼地可能是特色。所以，商人从外地引进本地没有的东西，也是做出特色的一法。但是，许多商人有意放弃自己的特色，一味模仿别人，见好就跟风，这样很难获得竞争优势。

## 巧用"歪点子"

"歪点子"用在正路，也可以是好点子。古人精心总结出来的"三十六计"，没有一招不是"歪点子"。

比如"欲擒故纵"这一招，职业赌徒们经常用它引人上钩：先让你赢一点，当你贪心想大赢时，甚至抱着侥幸心理想翻本，他偶而也会让你赢几把，让你不至于完全失去希望，于是越陷越深。若是将这种方法用在商业上，按游戏规则来做，也可能获得意外的成功，而且不存在法律上的麻烦。

"虚张声势"也是被人们用得比较多的"歪点子"。在势强、势弱时都可用。孙膑减灶，是以强示弱；虞诩增灶，是以弱示强。其用不同，其理则一，无非是隐藏自己的真正实力以达到欺骗对手的目的而已。这一招在商场中也经常被使用。

"世界首富"比尔·盖茨很会用虚张声势这一战术。有一年，他得知图像公司即将成功开发出能显示图像的软件，深感落后的危机。他立即成立了一个专门小组，加紧开发也能显示图像的"视窗"软件，决心用它打败"图像"软件。

要研制一个大型软件，非短期可以完成。由于在时间上落后图像公司一步，已失先机，比尔·盖茨只好虚张声势来镇住对手和软件用户。他让人发布消息说：微软公司即将开发出一个新产品，它比图像公司将要完成的任何产品都好。

为了把假话讲得像真话一样，比尔·盖茨专诚聘请了一个善用花言巧语打动人心的推销天才，负责宣传这个尚未成形的软件。

比尔·盖茨本人不停地给客户打电话说，只要他们再等待一段时间，他保证在他们与图像公司签约之前，能看到微软公司提供的更好的东西。为了增强说服力，微软公司还搞出了一个功能不全的示范品。他们称它为"烟幕与镜子"，做一个迷惑客户的幌子。

一年后，许多客户对微软公司吹得天花乱坠却迟迟不见露面的软件失去了耐心。这时，微软公司赶紧在纽约举行了一次盛大的新闻发布会，宣布"视窗"将在年底推出，以坚定客户的信心。

年底转眼即至，"视窗"还在"酝酿阶段"。微软公司又宣布将上市时间推迟到次年的第一季度。到了第二年，上市时间又被推迟到五月份，然后是八月份，再然后是10月份。由于每次推迟的时间并不长，客户觉得反正等了这么久，不如再等等看。

10月很快到了，"视窗"仍不见踪影。于是，它成了新闻记者写辛辣文章的好材料，被媒体称之为"泡泡软件"。

事实上，当盖茨不断向外界施放烟幕的同时，正组织大批人马埋头苦干，将潜力发挥到极限。他的烟幕是假的，他追求的品质却是真的，他绝不可能为赶时间做出一个劣质产品。要做就做得比对手更好，这是盖茨一向的风格。

盖茨的烟幕弹害苦了包括图像公司在内的那些竞争公司，他们为了抢在微软公司之前占领市场，急急忙忙将产品推出，却因为软件设计中存在很大缺陷，都未能在市场上站稳脚跟。这就是盖茨的精明之处，宁可在时间上失信，也不在质量上打折扣。

在施放了无数个烟幕之后，历时三年之久、花去大约 11 万个工时的微软"视窗"终于问世了。它以卓越的品质，一举击败所有竞争产品，成为当时最畅销的软件。

"暗度陈仓"也是比较好用的一招。因为它具有很强的隐蔽性，令人防不胜防。如果用法正当，即使对方明知上当，还会为你的智商拍案叫绝呢！

哈利少年时曾在一个马戏团打工，负责向路人推销门票和在演出时向观众推销饮料。为了提升推销业绩，哈利想出一个促销的歪点子：买一张门票，免费赠送一小包盐水花生。老板对他的主意赞不绝口，马上同意采用这个免费赠送的促销方法。

很多人想，花几元钱，既可看马戏，又有东西吃，很合算嘛！尤其是小孩子，对这种看热闹加馋嘴的双重享受特别感兴趣，非拉着大人买票不可。这一来，马戏团的观众比以前多了好几倍。

如果哈利的点子仅仅如此的话，"歪"得还不算厉害。这个计谋的核心是：观众吃了盐分很足并加了香料的花生后，口干舌燥，特别想喝水。这时，戏院内早就准备了各种饮料。有时一场马戏演下来，可销饮料一千多瓶，所获收入甚至超过门票。

一个成功的"歪点子"，要满足以下三个条件：其一是打破常规，从别人不熟悉的地方寻找新路；其二是合乎常理，不能"歪"到法律与道德的框架之外去，否则后患无穷；其三是顺乎人情。能让人们认同甚至赞赏的"歪点子"才是好点子，若是让人们普遍反感，那就真正是"歪点子"，最后的结果很可能得不偿失。

## 从否定自己开始进步

人的进步从自我否定开始。当你意识到自己的某种缺陷或不足并开始改善和提高时，就开始进步了。

改变是必需之事，却不是可以随意实施的。仅仅因为对现状不满而改变，没有明确的意图和目的，对结果更是茫然无知，这只是碰运气，并不是理智的改革。精明的商人在改变之前，一定会首先搞清问题究竟出在哪里，然后对症下药。

碧丽是美国格莱汀公司原总裁肯兹·安格尔的妻子。她上过音乐学院，是一个很有教养的女人。安格尔先生英年早逝，给她和孩子留下了格莱汀公司三分之一的股权。

在此之前，碧丽一心一意在家里当家庭主妇，对公司的事从不过问。现在，身为大股东，她不得不关心公司的事情。她常听说公司很不景气，照此下去，前景堪忧。

为了解公司的真实情况，碧丽在公司生产钓鱼线的工厂当了一年普通女工。然后，她又到仓库管理部门当了一年普通员工。

在这两年的时间里，她对公司内部管理松懈、浪费严重、工人吊儿郎当的情况相当了解，对生产、销售等各个环节存在的实质性问题也心中有数。她发现，问题的根源在于员工对工资待遇普遍存在不满。于是，碧丽向公司管理层提出为员工加薪的要求。公司总经理罗吉斯对此很不满意，质问碧丽："你身为公司大股东，为什么带头闹加薪？"

碧丽解释说："目前公司效益不好，主要是因为浪费严重；浪费的根源在于管理不善。这个镇子只有 350 人，其中一半以上在公司工作，不少人工作的目的是为了养家糊口，对工作和公司好坏，从不多想。由于都是邻里乡亲，谁也不好意思严管。为了打破情面，只有一方面提高待遇以获取支持，一方面加强管理以解决弊端。"

罗吉斯认为碧丽的分析很有道理，决定支持碧丽的意见。

在公司决策会上，碧丽抛出了她的改革方案：其一是通过选举在工人中产生管理组织，制订管理章程和赏罚标准；其二是将新管理办法向工人家属公布，使他们知道，要想改善待遇，只有鼓励子女好好工作，否则，子女就不能加薪，甚至还有可能扣薪，那时家长出面说情，将毫无用处。碧丽的改革措施获得管理层一致通过，员工及家长们也无不赞成。

新管理方法显示了威力，公司当年产量增长了 50%。

不久后，碧丽被任命为营销副总裁。她以迷人的气质、优雅的谈吐征服了所有的人。经销商们评价她说："她是一个有教养的、高贵的女人，虽然她有时豪放得像男人，但给人的印象却是个地道的女人，这是她成功的关键。"

后来，格莱汀成长为一家全美知名的大公司。人们普遍认为，碧丽是公司最大的功臣。

某些商人有一种奇怪的毛病：当他们事业顺利时，他们试图炫耀自己的正确；当他们事业不顺利时，他们试图为自己的错误辩解；即使失败了，他们还是归结于某种客观原因，仍不认为自己的做法有什么问题。总之，他们从不否定自己。

但是，世界在前进，知识在更新，过去的成功要素也许会变成将来失败的原因。所以，没有自我否定就意味着停滞不前，即使暂时领先，也必将落后于人。

## 做事切忌一意孤行

凡事不可失度。我们要有坚持自己的主张、与众人观点作对的勇气。这是事业成功的要素之一。但如果失度，变成刚愎自用，这又是失败的一个重要原因。

罗杰·史密斯成为美国通用汽车公司董事长后，进行了一系列令人眼花缭乱的改革。首先，他宣布要创建"世界第一家21世纪的公司"，这将是一家拥有高级技术精英、不用纸、不用灯、无人操纵、全部电子化的制造公司。为实现这一目标，他到处投资建厂，并大量兼并那些他认为有利于实现目标的公司，即使与汽车业无关、财务状况很差，也大量购进。

他设想的"21世纪的公司"只需要技术精英和技术，他认为机器人比人更有用而且成本更低，普通人在他眼里都成了多余之物。管理专家提醒他："日本最重要的优势不是廉价劳动力，而是人人参与管理。"史密斯对这一忠告毫不理会。他大量裁减工人，随意把众多对本行业熟练的技工调到他们根本不懂的新岗位上去，而且调动极频繁，许多人行李还没打开，新的调令就又下来了。

史密斯还认为，公司亏损是由于员工待遇太高造成的，因此他要求员工"做出重大牺牲"，于是，这一年全公司普通员工没拿到一分钱红利，而公司6000名高级职员每人分得5万多美元，他本人加薪18.8%，年薪高达195万美元！此举引起了工人们的愤怒，导致多次规模不等的罢工。然而，罢工正好为史密斯裁员提供了借口。

史密斯的专横引起公司上下一致不满。董事裴洛特公开揭露史密斯，工人也罢工响应，喊出了"要裴洛特，不要史密斯"的口号；股民们甚至提议让裴洛特接管通用。史密斯釜底抽薪，以高价收买裴洛特的全部股票，并要求他退出公司。

史密斯在通用汽车公司改革了七年，他的"21 世纪的公司"没有建成，通用轿车市场占有率却由原来的 47％下降到 35％，创通用 50 年以来最低纪录，利润头三年下降了 35％。员工士气的损失更是无法估量。因此，驱逐史密斯的呼声越来越高，以致"美国都不能再等待了"。

终于，公司董事会忍无可忍，终于集体表决，撤销了史密斯的董事长职务。媒体是这样描述这一事件的："当有权把他撵出通用公司的一些人最后说话时，史密斯就像流浪汉的小狗一样，他把他自己原来的战略计划全部抛开，像小偷一样从屋里溜走。"

史密斯希望成为美国企业界开创先河的英雄，结果，他的一意孤行却使他成为一个不光彩的人物。

因为对工作方法的坚持而固执己见，即使最后证明是错的，也情有可原。因为虚荣心、嫉妒心等情绪因素而一意孤行，绝对是愚蠢的。意气之争通常只有坏处，没有好处，这是商人需要尽力回避的。

什么时候应该坚持自己的主张？什么时候应该放弃个人意见？这是一道难题。要把握其度，需要克服情绪作用，审慎考察世态人情，根据具体的需要而定。

比方说，大家对什么是正确的都感到迷茫，应该坚持自己的意见；虽然自己的主张未必正确，但能鼓动大家遵行，也可坚持自己的意见；如果自己的主张遭到激烈抵抗，已难推行，不应固执己见；如果自己的主张在实行时已出现不良征兆，应该赶快改弦易辙……总之，明智的商人不会执着于对或错，更不会从面子考虑问题，一切以利弊为考虑问题的中心。

正如索罗斯所说："重要的不是对或错，重要的是我们从正确中得到了什么，和我们从错误中失去了什么。"

## 不要迷信前人的经验

《易经》说："依附小子，失去丈夫。"

沈括于《梦溪笔谈》中记载了这样一个寓言故事：一个人碰到强盗，双方打斗起来。那个人的长矛和强盗的刀子刚碰到一起，强盗突然把事先含在嘴里的凉水向那人脸上喷了过去，那人心一惊，在这个千钧一发的时刻，强盗的刀尖已捅进那人的胸腔。后来，那个受伤未死的人出门，又一次遇到强盗。这个强盗曾听说过以前强盗获胜的事迹，于是也采用相同的办法，但是这次那个人早已经清楚强盗的雕虫小技。强盗虽然把含水的招数学得炉火纯青，但是当他口中的凉水刚喷出来，那个人的长矛就已经刺穿了他的喉咙。

作者最后写道：强盗的花招已经用过了，它的秘密已经泄露。依仗着它取得胜利而失去戒备，最终反而受到它的祸害。

这则寓言告诉人们：老办法不是在每个时候都能使用得上的。我们做事取胜的办法不能一成不变，即使过去多么奏效的办法，也不能永远使用，必然随时间、地点、条件的变化而变化。机密一旦泄露，就没有一点用处，相反还会成为致命伤。事物无不在一定的条件向反面转化，一次胜利，不等于永远胜利。如果一味因循守旧，反倒会得到相反的效果。

战国时候，齐将田单以火牛阵大败燕军，就是一个经典的战例。在唐朝时候，房琯想重演火牛阵，却落得笑柄。

安史之乱后，唐太子李亨逃出长安，在灵武即位，称肃宗。李亨经过一番努力后，聚集了一些人马，准备反攻，收复长安。

这时房琯便趁机献策，毛遂自荐，要求统帅大军收复京城。李亨以为他是个文武全才的人，就委任他为两京招讨使。房琯随即号令大军分兵三路，会攻长安。房琯经与亲信幕僚商议后，决定效法古制，以车战对敌。遂将征募来的两千辆牛车排列在中间，两翼用骑兵掩护，浩浩荡荡，向长安进发。一路上烟尘滚滚，旌旗蔽日，杀气腾腾，好不威风。

可是，这老牛拉破车的队伍在对敌作战时，能否发挥其功效呢？除房琯及其幕僚深信不疑以外，其余将领则无不摇头叹息。房琯亲自率领中军，并督促北军，进到咸阳北面的陈涛斜，即与叛军安守忠的骑兵相遇。

这时，房琯本想先稳住阵脚，调整一下队形，再出阵迎战，谁知道这老牛破车慢慢吞吞，很难调动。这边房琯为调整队形吵吵嚷嚷，越整越乱，急得满头大汗，毫无办法。那边安守忠一看对手竟如此用兵，真是喜出望外，忙令部队迅速转到上风的位置，收集柴草，一面乘风纵火，一面擂鼓呐喊。老黄牛哪里经过这种阵势，一见烈焰腾空，又听战鼓声响如雷，吓得四处乱跑。安守忠乘机追杀，唐军大败。房琯慌忙令南路军投入战斗。那些老牛同样经不起人喊马嘶和震耳欲聋的战鼓声，不战自乱，败下阵来。唐军尸横遍野，死伤四万余人。杨希文、刘贵哲投降了叛军，房琯领着几千残败人马向灵武逃去。

他冥思苦想悟出的火牛阵法，就这样被作为笑料录进史册。

前人的经验并不是不能应用，重要的是能否因时制宜，用得合适。

唐朝末年，裘甫起义军在剡（今浙江嵊县）境三溪（嵊县西南）设伏，采用的就是西汉名将韩信破齐时的办法。公元 860 年，唐将郑祗德带领大队人马向裘甫起义军进攻。在剡地接战中，裘甫依据敌众我寡的情况，认为不能与唐军死拼硬打，必须以智取胜。便决定利用有利地形仿效韩信破齐时的古法对付唐军。

裘甫让部队埋伏在三溪以南，派人于上游截断三溪的流水，又令少数部队在三溪以北布好阵势，迎击唐军。唐军倚仗人多势众，一见敌军列阵以待，就气势汹汹地猛冲过去。起义军放一阵箭，即向南退去。唐军以为起义军人少怯战，便在后边紧紧追赶。当前军进入起义军的埋伏圈，后军大队人马正在涉水之际，起义军在上游扒开了积水堰，霎时滚滚洪流冲将下来，唐军顿时乱作一团。起义军伏兵四起，撤退的队伍也立即回军掩杀。唐军走投无路，被起义军全部歼灭。

以上事例可以说明，前人的经验并非一定有用，也并非一定无用。关键在于审度当前时势，根据事情需要采用能够解决问题的方法。前人的这些方法，原本也是根据时势事态需要设计的，后人怎么能拘泥于成法而不知变通呢？

所以说，法无定法，解决问题的要点是从需要出发，随机应变。

## 敢为天下先

平庸的人，总喜欢跟在人后亦步亦趋。但世界上最需要的，却是那些有创造力的人，因为只有他们才能够离开走熟了的路径，闯入新天地。

有一种人，他们死死抱住以前的规矩，不敢越雷池一步。在他们眼里，世界是静止的，至少变得没有那么快。他们顽固地认为："这个方法5年前有效，现在当然还有用。"

商鞅提倡变法时，朝廷大臣甘龙反对说："古代圣人都是不改变民俗而教导他们，智慧的君主也是不变换法令而治理国家，这样不必花费很大的力气就能成功。按照旧的法令办事，官吏熟悉，百姓也习惯，何必搞什么变法呢？"

商鞅反驳说："平常的人安于老一套习惯，死读书的人沉溺于往日的见闻，靠这两种人做官守法还是可以的，但不能与他们谈论变法革新的道理，因为他们的思想太保守了。三代不同礼而称王天下，五代不同法而成就霸业，从古到今哪有不变化的道理呢？贤者智人从来都是作法更礼，而愚人不肖者不明变通。才阻挠限制变法！"

大夫杜挚讲不出多少道理，竟一口咬定说："反正效法古人是无罪的，遵循古礼是不会犯错误的！"对此，商鞅针锋相对地说："治理国家从来不是一成不变的，更没有一套固定的办法。商汤和周武都没有效法古制，他们却得了天下；夏桀和殷纣没有改变礼法，他们却相继灭亡了。所以说，违反古例不一定错，遵循古法也不一定对！"

秦孝公听后觉得有理有据，便坚决地支持他变法革新。

经过商鞅变法后，秦国逐渐成为七国之中实力最强的国家，为以后统一全国奠定了坚实的基础。

在现实中，许多人习惯了往昔的生活方式，没有认识到创新的可贵，正因为这样，我们也失去了出类拔萃的机会。有人说，创新者头上有一片自己的蓝天，这话没错，因此，让我们摆脱因循守旧、墨守成规的老思想，成为第一个吃螃蟹的人吧！

# 第六章
# 首因效应
## ——好形象是做事的潜在资本

## 学会扮演成功者

有些人身上好像具有一块磁石，总是能深深地吸引追随者，激发起人们的狂热情感，驱使着人们按着他们指引的方向行动。这种巨大的、宗教般神秘的感召力总是让人捉摸不透，似乎是天赐之物。其实这就是一种气质，一种成功者的气质。

2001年5月，耶鲁大学学生选中了希拉里做他们班级的发言人。她激励毕业生们："要敢于竞争，勇于关心。"大多数学生把她视为行动的楷模。2001届毕业生格兰特·查文说："15年之后，我仍会记得希拉里·克林顿在我毕业典礼上的讲话，而不会记得那些所谓的桂冠诗人之类的角色。"希拉里·克林顿为什么会受到学生们的欢迎，就因为她具有了成功的气质。这种气质像磁石一样深深地吸引着这群追随者。

有人说，希拉里·克林顿毫不逊于她名震四方的丈夫比尔·克林顿。她一上任纽约的参议员，就一改贤妻良母的形象，穿上了富有个性的时装。在参议院，她时而在民主党领袖汤姆·达施勒的麾下奔走，时而去会晤共和党人约翰·沃纳和迈克·德怀恩，游说他们支持她的全国教师招募议案。如果没有那一头动人的金色短发，人们定会淡忘她的性别。

民主党的肯尼迪参议员对希拉里的评价是："她以一个经验丰富、学识渊博的政治领导人的面目出现在参议院，她有自己的观点，工作努力，善于倾听别人的意见，赢得了所有人，包括过道那一边的人（即共和党人）的尊敬。有些人曾等着看她的笑话，可最终他们打消了这个念头。他们喜欢上她了。"

一位参议员的助手说："她总是在含笑点头。看到她的微笑，会使人们觉得，当有人大骂她的丈夫克林顿时，她也会和那人拥抱。"这就是一种成功者的气质，希拉里凭借着这种独特的气质，赢得了所有人的敬佩。

一个人只要具有了成功者的气质，他就已经成功了一半。你不见某些人，无论他的职位如何，不管他站在哪里，他总是能吸引一群人围绕在他的周围，不管他的头衔是什么，总是不由得令人肃然起敬，渴望认识他们。为什么会这样呢？就是因为他们具有了成功者的气质。

有些人可能会说："在我获得了所追求的事业成功之后，我就必然有了成功的形象！"但很遗憾，生活中的事并非如此，你必须在取得你所期望的成功之前，塑造你成功的自我形象，培养你良好的气质。

好莱坞最成功的演员肯克莱屋说："明星是被塑造出来的，不是自然天生的。"无论一个什么样的成功者，演员、体育明星、学者、领导乃至美国总统，他们所具有的成功者气质，无不是靠自己的意愿努力塑造出来的。

据说美国总统竞选，都要请专家为自己精心设计形象，搭配衣着、领带，设计发型、整饰面容，为的是给选民留下精神焕发、可以信赖的强烈印象。

英国前首相撒切尔夫人为了给人留下值得信任的印象，向"形象专家"请教，改变原来在英国政坛初露头角时，又细又尖、毫不动人的声音。开始以雄浑有力的音色在国会"舌战群儒",成为有"铁娘子"之称的女首相。

为了让自己也具有成功者的气质,我们不妨听听人际专家的建议:

必须要有强烈的动机,必须对魅力有强烈的渴望。

必须循序渐进,从外表开始着手。虽然说不应以貌取人,但无可否认,外表有时可以左右别人对我们的看法。

学会放松,自由抒发情绪。拥有一颗开放真诚的心,随时与人做情感的分享与交流,会让生活更有趣,而且让别人更容易接近自己。

多聆听观察别人。在人多的场合,随时注意别人谈话时的声音与表情。你不妨想象自己是大侦探福尔摩斯在办案,仔细地研究别人的一举一动,可增加自己对他人情绪敏锐度的掌握。

强迫自己与陌生人交谈。排队买票、问路、到商场购物、候车等,都是不错的时机。

即兴演讲。你可以在家里对着镜子练习,最好把过程录下来,作为改进的参考。人们之所以拒绝在他人面前表达自己,多半是由于害羞及缺乏自信。如果你能随时面对各种话题不假思索地谈话,将是你提升魅力的本钱之一。

尝试角色,体验生活。很多魅力人物都是生活经验丰富的人,生活帮助他们培养出开阔的眼界。以罗斯福总统为例,除了当总统以外,年轻的时候他还曾经当过牛仔、士兵、警察局长、律师、作家、新闻记者。

走向人群,实际投身于各种社交场合。虽然,你可以借着不同的观摩来练习技巧,但是,正如欧吉瑞博士强调:"唯一能让你成为一流好手的最佳途径，便是直接走进球场，面对着强劲的老手捉对厮杀。"

## 努力成为众人注目的焦点

时下流行一个词：注意力经济。

在这个信息爆炸的社会，各种新奇的事物层出不穷，牵动着人们的眼球，我们被淹没在信息的洪流中，已经很少有什么东西能引起我们的好奇。很多很多的新东西，还来不及引起人们的注意就被淘汰了。

从某种意义上来说，成功的希望就在于能否跳出信息的洪流，抓住人们的眼球。企业成功靠的是注意力经济，一个人的成功靠的也是引人注意。抓住眼球就是胜利。

人们对某个人或某件事引起关注，是受到来自这个人或这件事的信息刺激。刺激越强，注意力越强，印象越深刻。这就是为什么漂亮女人的"回头率"总是比较高，因为她们给出的刺激比较强烈。

有位外地学生，给某公司领导寄去了三封求职信，都石沉大海，杳无音讯。这位学生开始分析原因。经过分析，他认为自己没有能够引起对方注意的原因是求职信写得平平淡淡。试想，这家大公司，每天要收到多少求职信啊！自己那几封平平淡淡的信件，怎么能从众多求职信中跳出来，引起人家的重视呢？于是，他决定采用一个能引起人注意的新办法。

在元旦即将来到之际，该公司领导收到了一封贺卡，贺卡上面有一幅漫画，漫画上是一位戴眼镜的"伯乐"站在大门口，一个标有"良马"字样的高头大马三次走过大门，而伯乐视而不见，漫画题目为"伯乐睡着了"。贺卡上还写了两句话："您该睡醒了吧！最衷心地祝您'不惑'之年新年快乐。"

领导看了这封贺年卡，会心地笑了。他清楚这封信的真正意图并不是画一幅漫画来嘲讽他，而是想引起他的注意。他找出署名相同的三封求职信，然后给这位学生写了封回信，约他来面试。结果，这位学生成功地被聘用了。一年后，他做了这位领导的秘书，成为他的有力助手。

这位求职者就是凭借自己出色的表现技巧，抓住了对方的眼球，并赢得了成功。

请记住，在任何时候，人们总是喜欢不同一般的东西，人们将这些东西叫作个性。无论是独特的语言和衣着，还是对待事物不同常人的看法，都能给人较强的刺激。所以我们要学会在最关键的时候表现自己的个性，这是一种非常聪明的做法。

心理学表明，人的记忆主要是通过重复的信息刺激实现的。通常情况下，受到第一次信息刺激，五分钟后将遗忘75%以上。只有经过多次信息刺激，才会将一个人或一个事物牢记在心。由此可知，你想抓牢别人的眼球，应该多争取亮相的机会。

英国著名演员约翰娜在刚出道时并没有什么名气，常常没有工作可做，又不知道怎样打开一条路。她曾经多次应征试镜，还在电视节目和广告里担任过几个小角色，但还是默默无名，得到每一个片约都是相当困难的。

约翰娜去向一位社会问题专家请教，怎样才能做得更出色？专家建议她，每当得到拍片的机会时，哪怕扮演的是最不重要的角色，也要同主角一起拍几张照片，然后把这些剧照寄给各制片厂及一些导演。

　　从那时起，约翰娜每当有了工作机会时，便主动要求跟主角、知名演员拍几张照片，然后印成十寸的剧照，并且注明所拍电视片的片名、主角姓名和播出的日期、频道，还用大写字母标明"约翰娜扮演的角色"。约翰娜虽然每年只演几个小角色，但是每次都能得到一些跟大牌明星的合影，这些相片又能复制多份，到处散发，反复给人以刺激，就给人留下了很深的印象。人们牢牢地记住了她。这一来，主动找她签约的制片厂就多起来。

　　为了进一步增加约翰娜的成功机会，专家鼓励她到图书馆做些研究。每当有人找她商谈拍片的时候，她都会事先到图书馆翻看有关的杂志，看看有没有介绍那个片子的作者、导演、制片人和主角的文章，凡是能够找到的材料，她都仔细阅读，熟悉那些将要上镜头的人和幕后的人。这样，她在面试的时候就能谈出较多的想法而显得与众不同了。面试她的人都觉得她有很强的专业水准和很高的悟性，是块做大明星的材料，自然会优先录用她。

　　现在，约翰娜已经是大明星了，她当然根本不必再担心找不到工作。她的收入也高得令人羡慕。

　　无论你在职场打工还是自己当老板，能否抓住别人的眼球，都是你成功的关键。你让尽可能多的人看见你，听见你，感觉到你，并且喜欢你，那么，你离成功就只有一步之遥了。

## 在形象上不妨多投资一点

　　商品好不好，先看包装；公司有没有实力，先看门脸。虽然人人都知道应该"透过现象看本质"，但在实际生活中，人们还是会根据表面现象得出第一印象。心理学家研究发现，第一印象的7秒钟可以保持7年，一旦形成，就很难改变，由此可见其重要性。

一个人的仪表是最先被对方的感官感知的，是彼此交往中最引人注意的部分。别人要获悉你是怎样一个人，首先注意的就是你的仪表。心理学认为，在公众场合，人们总是趋近衣着整洁、仪表大方的人，或衣着略优于自己的人。

罗蒂克·安妮塔是一个浪漫、个性独特的女人。她很漂亮，但在衣着打扮上却很随意。她觉得没有必要为迎合世俗的审美观而浪费自己的时间。直到她因此受到一次挫折后，才改变这种观念。

那时候，安妮塔已经是两个女儿的妈妈，为了养家，她跟丈夫商量，想开一家出售天然化妆品的商店——"美容小店"。

但是，美容店需要4000英镑资金，他们却没有足够的钱。安妮塔决定去向银行贷款。

这天，安妮塔上身穿一件旧T恤衫，下身穿一条洗得发白的牛仔裤，背着小女儿，拉着大女儿，闯进了银行经理的办公室。她绘声绘色地向银行经理介绍自己的创业构想以及"美容小店"的未来远景。银行经理一瞧她的衣着打扮，便估计到了她的经济状况，马上拒绝了她的贷款请求。他担心她将来没有偿付能力。

安妮塔失望而归，向丈夫抱怨那个银行经理的铁石心肠。她说："我带上女儿都没有打动他！"

丈夫比较理智，他说："我们生活在一个现实的世界，必须遵循世俗的游戏规则。银行是一个投资机构，不是救济所，在这里，T恤衫和牛仔裤是没有说服力的。"

于是，他陪安妮塔去时装店购买了西装，还请一位会计师写了一份不同凡响的可行性报告，另附有预估的损益表及一大沓文件附页，连同自家的房产证，都装在一只精美的塑料卷宗夹里。

然后，他们衣冠楚楚地又去了那家银行。这回他们没费口舌就得到了贷款。

这件事使安妮塔意识到形象与事业成功的关系，她开始特别注意自己的形象与商店的形象。后来，她把"美容小店"开遍了世界各地。

俗话说：人靠衣裳马靠鞍。衣服给人的印象有着不可忽视的作用。不管你是一名伟大的科学家，还是一名普通的打工仔，人们对你的第一印象首先是来自你的仪表，如果你邋里邋遢随意，即使你是一个大人物，也会使你在人们心中的印象大打折扣。

现代社会中，服装更是一个人社会地位、经济状况、内在修养及气质的集中表现。

通常来说，人们更愿意跟实力比较强的人打交道。这不是"势利"，而是现实的需要。个人形象能够比较直观地反映一个人的实力：经济实力与个人素养。所以，不要埋怨别人"只认衣裳不认人"，还是好好在自己的形象上多投资一点，然后自信地站在别人面前吧！

## 突出你的每一个亮点

喜欢和信任，有时可以分离。我们经常理智地告诉自己，也告诫别人："知人知面不知心。"看人不要只看外表，要透过现象看本质。可是感情却跟我们唱反调：那个人形象好有魅力，我们就会喜欢他，哪怕他并不那么值得信任；那个人外表粗俗形象不佳，我们就会先存三分不悦，哪怕他的人品很过硬。

人的魅力能从一举一动、一言一行中反映出来，从而让他人得出一个整体印象。那些最受欢迎的人，总是善于突出"亮点"、展示最佳形象的人。

如何展示自己的最佳形象呢？

其一，用自信的目光反映你的底蕴。人的内心世界有时可以通过眼睛来表达。在社交场合，人们对某人的最初印象有一大半是根据他的眼睛所传达出来的信息获得的，因为我们在与人接触中，有 80% 的时间是看着对方的眼睛。

两个人见面时即使没有开口说话，从目光上就可以判断出谁在心理上占有优势。所以在第一次与人见面时要善于有效地运用自己的视线，不要用没有自信的怯生生的目光看人。眼睛可以直视对方，但不要引起对方的不愉快，在异性交往中尤其要注意。

其二，让声音更具魅力。一位业务员在电话中与客户沟通总是达不到预期的目的，后来，他亲自上门拜访了这名客户，一进门，客户便说：真没想到，你本人看上去要比电话中听到的好得多，原来，他电话中的声音生硬、低沉，让人听了讨厌。

美国声音教练杰弗里·雅克曾说："我们花了很大一部分精力，去考虑自己的衣着、外表。但是，人们却更多地通过声音而非衣着来判断我们的智力。"

因此我们不要败在我们的声音上，可以把自己的声音录在磁带里，然后反复地听，反复地修改，认为听上去给人一种自信、友好的感觉，直到我们满意。

其三，说话要简洁有力。美国的声音教练杰弗里·雅克比在全国范围内抽样调查了 1000 名男女，问他们"哪种声音让你们最讨厌、最反感？"得到的答案是嘀咕、抱怨或唠叨的声音。雅克比发现，人们容易通过发音的方式来判断别人。

还有一个研究报告指出：句子愈短愈容易使人理解。

实际上句子简短，不仅容易使人明白意思，而且能给人一种顺畅、节奏明快的感觉。

说话和写字一样，该断就断，少用连接词，这样会使听者感觉明朗而有理，给人精明能干的印象。

其四，与人交谈尽量多用平常语言。身居高位而平易近人的人，总会受到周围人的欢迎，而官没做多大、架子却端得很大的人，会引起别人的反感；同样，学问没有多深，却喜欢咬文嚼字，会给人"酸"的感觉。著名作家J·马菲曾经提醒别人："尽量不说意义深远、新奇的话语，而以身旁的琐事为话题开端，它是促进人际关系成功的钥匙。"

其五，临别画一个圆满的句号。你可能也有这样的感受，当你刚刚走出客人家的门，就听到对方把门"嘭"的一声重重关上，即使在刚才受到相当热情的接待，也会觉得像被泼了一盆冷水，十分扫兴。大概很多人都有这种体验。也许这只是对方的一时疏忽，但自己却会怀疑人家是否欢迎自己。因此，在临别时，最好注意一下自己的小动作，不要功亏一篑。

俗话说："结果好，一切就好。"在会面结束后，别忘了在临别之时给对方留下一个好印象，给会面画上个圆满的句号。

## 有实力就敢大胆表现

勇猛的老鹰，通常都把它尖利的爪牙露在外面；精明的生意人，首先用漂亮的包装吸引顾客注意。威廉·温特尔说："自我表现是人类天性中最主要的因素。"人类喜欢表现自己就像孔雀喜欢炫耀自己美丽的羽毛一样正常。

然而，传统的观念却扭曲了人的本性，人们过于注重谦虚的品质，信奉"酒香不怕巷子深"，把"含而不露"看作一种美德，自己的优点、成绩和才能，自己不能说，要由别人来发现，相信是金子总有发光的那一天；无论有多么渊博的知识，多么惊人的才华，也只能说自己"才疏学浅"。总而言之一句话，不敢炒作自己，要被动等待伯乐来发现。

但是，"千里马常有，而伯乐不常有"，如果一辈子遇不到一个伯乐，不是一辈子没有出人头地的机会吗？所以，在这个人人争夺生存空间的社会，你不要指望别人来给你机会，要主动站到台前亮相，把自己炒红，炒火，然后你才有成功的机会。

很多人虽然腹有诗书，胸藏智计，但是由于受传统思想的束缚，很好的才干被埋没了，等到年纪老迈的时候才发现，此时已经为时过晚了。汉代将军李广很有才干，可他淡泊名利，对自己应当获得的利益没有去全力争取，没有利用合适的时机陈述自己的功劳，一直没有得到朝廷的封赏。因此给后人留下"冯唐易老，李广难封"的抱憾。

韩信初时在刘邦手下做小官。他总希望上面有人发现自己的才干，却没考虑如何表现自己，结果一直怀才不遇、沉沦下僚。他郁郁不乐，满腹惆怅，工作也没有干出什么成绩，更谈不上名气。

一次，对前途灰心丧气的韩信伙同一些人当逃兵，被抓住后，依律当斩。临刑之时，排在韩信前面的13人，都一个接一个地被砍了头。眼看就要轮到韩信了。这时他觉得再不好好表现一下自己，小命可就不保了！于是他高扬起头来，圆睁二目，面对监斩官夏侯婴大声呼喊："汉王不是想争夺天下吗？为什么还要白白地杀掉英雄豪杰之士！"

这句话点中了刘邦的全部政治企图，可谓一语惊人。夏侯婴既感惊讶，又觉得奇怪，不免仔细地打量韩信一番，他发现此人相貌奇伟，仪表堂堂，像个英雄人物，于是将他释放。在交谈中，夏侯婴发现韩信非同一般，确实志大才高，便把他推荐给了刘邦。从此韩信成为刘邦的得力助手，并成为汉初三杰之一。

假如没有临死前的那一句呼喊，也许韩信早已成为刀下之鬼了，历史又会增加一份遗憾；再假设如果韩信在平常的工作中能够积极地表现自己，充分展现自己的才能，也许早就被重用，也就不会有险些被杀头的事情发生了。

古代的有识之士常把自己比作千里马，当碌碌无为一生后，却埋怨世上的伯乐太少没能发现自己，无奈只得"祗辱于奴隶人之手，骈死于槽枥之间"。我们不禁要问，既然你认为自己是千里马，那么为什么不主动去找伯乐推销自己呢？

台湾地区作家黄明坚有一个形象的比喻："做完蛋糕要记得裱花。有很多做好的蛋糕，因为看起来不够漂亮，所以卖不出去。但是在上面涂满奶油，裱上美丽的花朵，人们自然就会喜欢来买。"

除非你打算继续坐冷板凳，蹲在角落里顾影自怜，否则，每当做完自认为圆满的工作后，要记得向老板、同事报告，别怕人看见你的光亮；当有人来抢夺属于你的功劳时，也要坚决捍卫。

小孙在新公司工作约两个月了，工作一直没有什么进展。今天早晨公司的副总找她刚谈完话，当她回到自己的办公室时，收到了一份传真，传真上说，她花了两个星期争取的一笔业务成交了。她叹了口气，说要是传真早5分钟来就好了，她对副总就有的说了。这时她的同事建议她赶紧去副总办公室报喜。起初她并不愿意，说写个便条就可以了，可是同事说趁热打铁，更能显示你的功劳，不过要假装不经意地提起这个巧合，你最好说："我们刚谈完，我就成交了这笔生意！"

她按着同事的说法做了，结果副总非常高兴，建议她告诉公司的公关部门，好让公司同仁知道这笔进账。

霍伊拉说："如果你具有优异的才能，而没有把它表现在外，这就如同把货物藏于仓库的商人，顾客不知道你的货色，如何叫他掏腰包？"

## 换个法子宣传自己

对有实力的人来说，花钱宣传是出名的一大途径。对实力不足的人来说，省钱为第一要务，那就只能做一点"出格"之事，引起人们的强烈注意，让别人免费帮自己宣传。

"化妆品女王"安妮塔开第一家"美容小店"时，仅有4000英镑资本，根本没有钱打广告。事又凑巧，就在小店即将开业的前一周，安妮塔收到一封律师来函。原来，"美容小店"不远处有两家殡仪馆，他们认为"美容小店"这种花哨的店名，势必破坏殡仪馆的庄严肃穆的气氛，从而影响生意。所以他们打算联名起诉安妮塔。

安妮塔感到又好气又好笑。她灵机一动，打了一个匿名电话给布利顿的《观察晚报》，声称黑手党经营的殡仪馆正在恫吓一个手无缚鸡之力的可怜女人——罗蒂克·安妮塔，这个女人只不过想开一家经营天然化妆品的"美容小店"维持生计而已。

《观察晚报》在显著的位置报道了这则新闻，不少富有同情心和正义感的读者纷纷来"美容小店"安慰安妮塔。因此，小店尚未开业，就在布利顿出了名。而那两家殡仪馆考虑到舆论的影响，也没敢再来找安妮塔的麻烦。

美容小店开业后，安妮塔又想出了一个妙招：每天清晨，她披着波浪发，优雅地在"美容小店"前面的小道散步，边走边往树叶或草皮上喷洒香水。她每天变换各种不同的香水，愈靠近小店香味愈浓。她要营造一条馨香之路，让人们闻香而来，认识并爱上"美容小店"。她的这一奇特举动又一次成为《观察晚报》的重要新闻，"美容小店"的名气更大了，全城的淑女都争先恐后到这里来购买化妆品，从而生意兴隆。

第一家"美容小店"开办成功后，安妮塔一家接一家地开起了分店。历经 20 年，她已在全球 45 个国家拥有 1000 家分店。

从某种意义上来说，成功即意味着"出格"：或挺立于众人之上，或超然于众人之外。所以，你不能总是做别人认为应该做的事情。为了抓住别人的眼球，就要做大家都不做的事，甚至是很"出格"的事。

让别人主动传你之名，无疑是一种效果最佳的炒作方法。但是，你得先制造出一个既让人感兴趣又方便传诵的情节。在宣传自己时，就是要讲出这样一个"好故事"，让它成为人们茶余饭后的谈资和街谈巷议的话题，这样出名就快了。

唐代大诗人陈子昂初到都城长安时，默默无名。他想投附某位名家，却找不到主顾；拿作品给人看，也没人感兴趣。因为常人的特点是：抱名人的大腿，对无名之辈不放在心上。这就是陈子昂当时遇到的尴尬。

有一天，陈子昂出外散步，看到一个人在那里卖古琴，要价一百万钱。附近的士绅文人都被这把价格昂贵的古琴吸引过来，围着它讨论，却没有还价。一来他们不知道这把琴值不值一百万；二来他们认不出这是不是一把古琴，万一买了一把假琴，岂不是花钱买笑话？

这时，陈子昂拨开人群走进去，说："这把古琴我要了，就一百万。"众人都大吃一惊，弄不清这人是慧眼识宝还是个大傻瓜。照理人家漫天要价，他应该就地还钱，必可省下不少钱，他为何不还价就买下来？

陈子昂看出别人的心思，便向众人抱拳施了一礼，自我介绍道："我叫陈子昂，现寓居某里某店。这是一把上好的古琴，音质不同凡响，一百万钱不贵。各位如有兴趣，明天请来我的寓所听我弹琴，我一定盛情款待。"

这件事不同寻常，马上哄传开来。第二天，当地的头面人物几乎全来到陈子昂的寓所，想听听这把价值百万的古琴到底能弹出什么调。陈子昂摆出酒宴，请他们一一入席。

酒过三巡，陈子昂捧出那把古琴，说："我陈子昂自幼苦读，学成满腹诗书，至今没有遇到一个识货的人。我想弹琴品竹，不过是末流之技，哪值得污染各位的耳朵呢！"说着，举起手，将古琴在地上摔得粉碎。在场之人，无不发出惋惜的惊叹声。

这时，陈子昂捧出自己的诗稿印本，一一分发给各人，请他们品评指点。

自此，陈子昂名闻全长安，确立了自己在诗坛的地位。

任何人、任何商品或是公司，都以实至名归为佳。如果只有一个虚名却没有实在的内容，那是不能长久的。比如国内曾有一家酒厂，一年花在广告上的钱近亿元，花在技术革新和设备改造上的钱却不过区区数十万元，这显然是务虚不务实。结果呢，由于产品质量与其名声不符，红了两三年就衰落了。

有名有实，才是自我宣传应追求的目标。

## 打破常规求变通

我们常说做事要讲求常理，也要合乎常情。所谓"常"，就是经常的意思，而"常理"，就是通常的道理。中国宋朝的大儒家陆象山先生曾说过："东海有圣人出焉，此心同、此理同也；至西海南海北海有圣人出，亦莫不然。千百世之上有圣人出焉，此心同、此理同也；至于千百世之下有圣人出，此心此理亦无不同也。"我们是一个重视常理的民族，遵从常理也符合社会稳定和生活安定的需要。可是在某些时候，我们只有不被常理所限，不按牌理出牌，才能收到意想不到之功。

汉光武帝统治时期，大将高峻人强马壮占据高平，当地人民只知有高峻，而不知有刘秀。刘秀决心除此祸患，于是派寇恂率军讨伐高平。临行前寇恂请示光武帝："是要讨伐他，还是招降他？"

刘秀道："能招降最好，不然就剿灭他的全军。"

寇恂领了圣旨，率领大军日夜兼程赶到高平边界，驻扎下来。高峻得知寇恂领命来镇压自己，便派军师皇甫文出城拜见寇恂，以便探探朝廷的口风，与此同时，他让城门高度戒备，不允许任何人随意出入。

皇甫文来到寇恂军帐后，一副趾高气扬的样子。

寇恂见其态度傲慢，心中不禁暗暗生气，问道："见了本将军，为何不跪？"

皇甫文拍手大笑。"跪你？就是刘秀在此，我也不跪，何况你一个武夫！"

寇恂拍案大怒道："你们这群乱臣贼党，不为江山社稷立功，反而危害人民，抵触朝廷，罪大恶极。本应斩首示众，诛灭九族，念当今皇上仁慈，只要你们肯投降，朝廷定会从宽处理的！"

皇甫文还没听完，便已笑得蹲在地上。众武官皆被皇甫文的这种行为激怒了，都大声呵斥道："这成什么体统，像你们这种人，即使朝廷招降了你们又有什么用？"

皇甫文听到这里，立即止住了笑，站了起来，用手指着寇恂嘲讽道："你不敢攻城吧？刘秀小儿没给你命令，你这小官岂敢乱来？"

寇恂冷冷一笑，对皇甫文说道："本将军攻不攻城，我想你是看不到了！"

皇甫文惊了一下，故作镇定地问道："你说什么？"

"来人啊！"寇恂一声大喊："把这个狗头军师给我拖出去斩了！"

众武官们忙拦阻道："将军，两兵交战，不斩来使！"

皇甫文连声道："是啊，是啊！将军难道没听过吗？"

寇恂没有听取众人的劝告，命两个武士把浑身颤抖皇甫文拖了出去，并告诉皇甫文的副使道："回去告诉你的上司，皇甫文已被我斩了，若投降就赶快投降，若不降就等着我的军队攻城！"

副使忙跑回去告诉高峻，高峻害怕了，当日就大开城门投降了寇恂。

众将领向寇恂贺喜，顺便问他："当日来时，高峻严守城池，一点也不像投降的样子，为何杀了皇甫文他就这么快投降了呢？"

寇恂解释道："皇甫文是高峻的心腹，他让皇甫文来营中见我，言辞态度很傲慢，是想试试朝廷到底是招降还是剿灭。如果不杀皇甫文，高峻一定以为朝廷是来招降他们，这样他们就有恃无恐，杀了皇甫文，他才知道我们的决心，所以才这么快就投降了。"由于没有费一兵一卒，寇恂便降了高峻，光武帝知道后甚是高兴，赐寇恂黄金万两，并加官晋爵。

在这个故事中，"两军交战，不斩来使"是常理，大家都认为应该这样做。可是这样做结果会怎么样呢？顽敌会变得更加顽固不化，剿抚工作会变得更加困难。办事的目的是达到良好的结果，按常理行事不能达到目的，就只有反常理行事。

从目的出发，不为常理所拘，行变通之道，这是办事的要点。

但这并不是说，应该为达目的不择手段。无论怎样讲变通，也不能脱离天理人情与法律法规的框架。

在上例中，寇恂斩敌使，并没有违背一般的道义。所谓"两国交兵，不斩来使"，这是指双方地位相当的情况。寇恂出兵平叛，没有必要将对方当成平等的对手。他斩杀叛军来使，也可解释为处决叛逆之徒，在大道理上还是完全讲得过去的。

我们在生活中突破常理讲变通，也一定要讲道义、讲法律，否则后患无穷。

在创新思维活动的过程中，打破常规思维的惯性，是大脑思维必不可少的一项环节。有时，只要对问题改变一下设想，调整一下进入角度，解决问题的思路就会不期而至。

思维定式即常规思维的惯性，它是一种人人皆有的思维状态。当它在支配常态生活时，还似乎有某种习惯成自然的便利，所以它对于人的思维也有好的一面。但是，当面对创新的事物时，如若仍受其约束，就会形成对创造力的障碍。

老观念不一定对，新想法不一定错，只要突破思维定式，你也会获得成功。

# 第七章 能屈能伸

## ——拿得起放得下，懂得变通才是做事之法

## 学会在压力下生活

在美国麻省理工学院曾经进行了一个很有意思的实验。一实验人员用很多铁圈将一个小南瓜整个箍住，以观察当南瓜逐渐长大时，对这个铁圈产生的压力有多大。最初他们估计南瓜最大能够承受 500 磅的压力。

在实验的第一个月，南瓜承受了 500 磅的压力；实验到第二个月时，这个南瓜承受了 1500 磅的压力；当它承受到 2000 磅的压力时，研究人员必须对铁圈加固，以免南瓜将铁圈撑开，最后，整个南瓜承受了超过 5000 磅的压力后瓜皮才产生破裂。他们打开南瓜，发现它已经无法再食用，因为它的中间充满了坚韧牢固的层层纤维；为了吸收充足的养分，以便于突破限制它生长的铁圈，它所有的根往不同的方向全方位地伸展，直到控制了整个花园的土壤与资源。

由南瓜的生长想到人生，我们对于自己能够变得多么坚强常常毫无概念！假如南瓜能够承受如此巨大的压力，那么人类在相同的环境下又能承受多少呢？

在许多情况下，我们有许多人不如南瓜。尽管有比南瓜更坚强的承受力，但他们没有承受的勇气，甚至有时候压力还没有加到他们身上时，他们就已经趴下了。他们怀疑自己的能力，不敢与压力抗衡，因为现实中有许多被困难、挫折、失败压垮的人。

要知道，南瓜每一次承受压力的增长不也都使人类挠头吗？

有压力很正常，被压力压垮则不正常。

压力并非总是件坏事，比如说，当你在一大群听众面前演讲的时候，你会感到压力，你心跳加快，呼吸急促，还感到胃部痉挛。但同时，你也对这种兴奋感到乐在其中，而且对你演讲这回事还很渴望，因为由此带来的压力给你动力。在考试的时候，适度的紧张又增加肾上腺素的分泌，这也许会使应付者受益匪浅；但是，如果过度紧张，造成了肾上腺素分泌过多，那么产生的效果就会恰好相反。

在美国，有人曾做过一项研究，调查了56个工头的工作，发现他们在8小时时间里平均要有583项活动，这就是每隔48秒就得采取一个行动，这个调查表明，他们总是一刻不停地在干着什么。另外的研究也证明了这一点。例如，在英国的160位经理都发现，每隔两天，他们才会有半小时左右不受任何事或人为打扰的时间。所有这方面的研究都显示，主管们从这个问题跳到那个问题，对当时需要做出种种反应，一点也不得空，而一半以上的管理行为持续不到9分钟。

你要怎么做才能避免这种情况呢？

在你知道一整天都得在持续的快节奏下工作之后，你就得计划着让自己休息轻松一下，比如，每隔一个半小时，就休息5至10分钟，什么也别干，坐着想些事，放松、深呼吸、伸伸腿、喝杯茶或咖啡。别让你自己老是被人推挤着往前走。

压力也来自你对那些也许永远也不会出现的问题的担心，比如说，有人会在乘飞机之前紧张至极，害怕飞机会坠毁。对待因担心这些也许永不会出现的事而产生的压力，最要紧的就是分析一下这些问题，看它们会在什么样的情况下出现，你碰上这种事的概率是多少？有避免之法吗？如果你认为的事概率几乎等于零的话，还有什么可担心的呢？

## 创造奇迹要敢担风险

天下美事，没有轻轻松松能获得的，有时甚至需要鼓足勇气，从火中取栗，从虎口拔牙。所以古人说：富贵险中求。要取得远远超出一般的业绩，需要创造几个奇迹。所谓奇迹，就是普通人看来不可能完成之事，其中必然包含着很大的风险。只有冒着风险，奋勇向前，才有可能创造奇迹。

王永庆创办台塑之初，公司生产的塑胶粉由于价格太高，居然一斤也卖不出去，全部积压在库。原来，台塑建厂时，计划月产 100 吨，预计每吨生产成本在 800 美元左右，而当时的国际行情价是每吨 1000 美元，有利可图。但是，当台塑建成投产时，国际行情价已跌到 800 美元以下，台塑的售价远远高于市场价，当然卖不出去。

为了降低成本，王永庆决定扩大生产规模，提高产量。

在产品严重积压时扩大生产，实属冒险。但王永庆认为，与其坐以待毙，不如冒险一搏。

1958 年，台塑完成了第一次扩建工程，使月产量提高到 200吨。然而，在台塑增加产量的同时，日本、欧洲的同类厂家也在成倍增加产量，成本降幅比台塑更大，国际行情价持续下跌。如此一来，台塑的产品价格还是没有市场竞争力。

怎么办？王永庆决定继续增加产量。不过，应该增产多少呢？如果一点一点往上加，始终落在别人后面，显然不能改变被动局面。

为此，王永庆召集公司高层干部以及外国顾问共商对策。会上，有人提议将月产量增加到400吨；外国顾问则提议增加到600吨。王永庆大胆决定：增加到1200吨。

从月产200吨猛然增加到1200吨，未免太过惊人，与会诸人没有一个同意。外国顾问说："要进行大规模的扩建，设备就得全部更新。虽然提高到1200吨，成本会大大降低，但风险也随之增大。因此，600吨是一个比较合理而且保险的数字。"

他的意见得到大多数人认同。

王永庆坚持认为："我们的仓库里，积压产品堆积如山，究其原因是价格太高。现在，日本的塑胶厂月产已达到5000吨，如果我们只是小改造，成本下不来，结果只有死路一条。我们现在是骑在老虎背上，如果掉下来，后果不堪设想。只有竭尽全力，将老虎彻底征服！"

终于，王永庆的胆识与气魄折服了所有人，他们都同意增产到1200吨，跟市场搏一搏。

当台塑的月产量激增至1200吨后，成本果然大幅度降低，终于具备了争胜市场的条件。此后，台塑产品不但垄断了台湾岛内市场，并逐渐在国际市场上获得领先优势，终成霸业。

兵法云：置之死地而后生。在处于绝对劣势、必败无疑的情况下，唯有冒险取胜。当年女英雄冯婉贞在抗击八国联军时，说："与其坐而待亡，孰若起而拯之？"结果她硬是带着一群手持大刀长矛的乡民打败了荷枪实弹的敌人。运用这一战术，需要极大的勇气，而且这是不得已而为之的办法，不宜轻易使用。

## 输得起才赢得起

一个人在创业伊始、未成气候时，观念未臻成熟，能力未经锻炼，经验未经磨砺，品格未经考验，总之，在各方面都有一定缺陷。他自己并不能意识到这是缺陷，可能还想当然地把自己的不足当成优点，把别人的长处视为不足。所谓"不知己，不知彼，每战必殆"，当他对自己、对别人都无清醒的认识时，一开始肯定事事不顺。

但是，如果他不怕输，又有不达目的誓不罢休的决心，继续闯荡，在挫折中发现并修正自己的缺陷，那么，他终将获得成大事的能力，并干出一番不平常的事业。

麦西是一个渔民的儿子。19岁时，他跑到波士顿碰运气，糊里糊涂地干了一年，一事无成。后来，他结识了荷顿，两人合伙开了一家布店，生意还不错。不久后，麦西同荷顿的妹妹相爱了，却遭到荷顿的激烈反对。荷顿认为，麦西没有什么能耐，却自以为是，将来肯定不会有出息，他才不愿妹妹跟这个人结婚呢！所以，他以中断合作威胁麦西不要纠缠自己的妹妹。麦西要么放弃爱情，要么放弃生意。结果，他毫不犹豫地选择了"爱美人不爱江山"。

麦西跟荷顿的妹妹结婚后，自己开了一家小店。他不承认荷顿对自己的评价，并下决心一定要干出点名堂来证明自己。他的小店经营针线、纽扣之类小商品。他以为这些东西家家户户用得上，生意一定兴旺。谁知实际情况正好相反。因为针线之类消耗量太小，人家买一包能用一年，利润又低，能赚什么钱？过了没多久，他被迫放弃了这项赔本买卖。

接着，麦西又开了一家布店。当时布匹、服装是热门商品，麦西以前又有过合作开布店的经验，他以为干起来一定很顺手。但实际上，以前布店的经营主要是荷顿拿主意，他的经验有限，要不然为什么荷顿认为他没能耐呢！麦西的生意很一般，赚不到什么钱。这时，美国西部正盛行淘金热，麦西索性关掉店铺，去加利福尼亚寻找暴发的机会。到了这里他才发现很难搞到金子，在争地盘过程中还有送命的危险。于是他放弃淘金的打算，在旧金山开了一家小店。

麦西发现一种淘金用的平底锅很好卖，他就大量购进，并以低于别人一成的价格出售。淘金者纷纷拥来购买，麦西实实在在赚了一笔钱，还从中获得两条重要经验：抓住顾客的迫切需求；薄利多销。

一年后，麦西觉得自己对经营之道摸索得差不多了，毅然把旧金山的店铺转让出去，带着一大笔资金回到麻州，在哈佛山开起一家布店。麦西在经营上采取了许多措施，一是大做广告；二是按季节时令推出新式热门货；三是增加商品种类；四是明码标价。

但是，麦西的布店最后还是失败了，原因是哈佛山人口不多，市场空间太小，他那些做大生意的经营手法，用到这里根本是浪费，不过是花钱买教训而已！从这次失败中，他又得到一个教训：一种好的经营方法，不是百用百灵的妙药，还要跟具体环境配合才行。只是这个教训过于昂贵，他差点把老本赔光，生意没法做下去了。

这时，当年不愿让妹妹嫁给他的荷顿主动找上门来，想跟他合伙做生意。荷顿以前认为麦西没能耐，但他没想到这个小伙子如此有毅力，能在商场折腾这么多年。根据荷顿的经验，一个有毅力的人，折腾到后来，无论成败，自然就有能耐了。这是他希望跟麦西合作的原因。他表示，资金由他出，只需麦西出力就行。

麦西对自己的能耐也很有自信，他表示想到纽约去做大生意，办一家最大最好的商店。荷顿欣然同意。这样，麦西来到纽约，开设了他们的第一家百货公司。十年之后，麦西的百货公司几乎占了半条街。现在，麦西创办的公司已成为世界上最大的百货公司之一。

做生意是投资不是赌博。赌博赔光就没有了，做生意赔光了还有经验教训。只要不怕输，继续折腾，终究能干出大名堂。在商场中，输得起才赢得起。有大本钱的人自然输得起，赔一百万，跟牛身上掉下一根毛似的，这种人是不用怕输的。但是，本钱不足的人也并非输不起。对一个初创业的年轻人来说，投资的主要是时间、智力和体力。白赔时间当然可惜，智力和体力却是越用越多，输不掉。想通了这个问题，就没有什么人输不起了。

## 跌倒了不要空手爬起来

碰到危机时，一部分人会陷入恐慌状态，另一部分人反而会利用这个机会取得成功。这种差别才是改善人生的决定性的差别。

丹麦的一名大学生，有一次到美国旅游。他先到华盛顿，下榻在威勒饭店，住宿费已经预付。上衣的口袋放着到芝加哥的机票，裤袋里的钱包放着护照和现金。准备就寝时，他发现钱包不翼而飞，于是他立刻下楼告诉旅馆的经理。

"我们会尽力寻找。"经理说。

第二天早上，他的钱包仍然不见踪影。他只身在异乡，手足无措。打电话向芝加哥的朋友求援？到使馆报告遗失护照？呆坐在警察局等待消息？

突然，他告诉自己："我要看看华盛顿。我可能没有机会再来，今天非常宝贵。毕竟，我还有今天晚上到芝加哥的机票，还有很多时间处理钱和护照的问题。我可以散步，现在是愉快的时刻，我还是我，和昨天丢掉钱包之前并没有两样。来到美国，应该快乐起来，享受大都市的一天。不要把时间浪费在丢掉钱包的不愉快之中。"

他开始徒步旅游，参观白宫和博物馆，爬上华盛顿纪念碑。虽然许多想看的地方，他没有看到，但所到之处，他都尽情畅游了一番。

回到丹麦之后，他说美国之行最难忘的回忆是徒步畅游华盛顿。五天之后，华盛顿警局找到他的皮包和护照，并寄给他。

许多人一陷入困境，就悲观失望，并给自己施加很重的压力，其实，应该告诉自己，困境是另一种希望的开始，它往往预示着明天的好运气。因此，你应该主动给自己减压。

只要放松自己，告诉自己希望是无所不在的，再大的困难也会变得渺小，困境自然不会变成阻碍，而是又一次成功的希望。

人生中有很多障碍或苦难，同时所有的苦难都藏匿着成长和发展的种子。但能够发现这些种子，并好好培养出来的人，往往只有少数。这些人到底是怎样的人呢？

第一是有决心要克服苦难的人。没有这种决心的话，不管再怎么说"苦难才是机会"，也只会变成以另一种苦难结束的悲剧。

第二是能够认为苦难才是机会的人。没有这种想法，苦难会带来更多的苦难。

碰到危机时，一部分人会陷入恐慌状态，另一部分人反而会利用这个机会取得成功。这种差别才是改善人生的决定性的差别。

我们应记住，不管怎样不利的条件，只要我们能正确处理，都可能把它转变为有利的条件。

在欢喜状态时，人们大都不会自我反省，也没有上进心。相反地，在苦恼或挫折面前，倒经常会进行自我反省，因此反而有得到真正的幸福和欢乐的机会。

## 为结果哭泣不如改善结果

以前流行过一句话：莫斯科不相信眼泪。其实哪儿都不相信眼泪，岂止莫斯科而已！

当坏事已经降临，悔恨、抱怨、痛苦，都没有建设性的效果。唯有从事情变坏的原因着手，设法修正它，以免事情变得更坏和同样的坏事再一次发生。这才是有建设意义的做法。

俗话说："人没有被山绊倒的，只有被石头绊倒的。"生活中的失败，多数是因为一些细小环节出了问题，并非不可补救。也许只需改变某些做法，结果就会发生令人惊喜的变化。

"世界第一CEO"杰克·韦尔奇的妈妈曾这样告诫儿子："假如你不知道应该怎样失败，你就不知道应该怎样成功。"意思是说，失败并不可怕，但要输得明明白白。这句话让杰克·韦尔奇受益一生。

任何一件事都是由许多要素构成的，全部做对或全部做错的情况极少。所谓失败，通常只是某些应该做好的事情没有做好，并不是一无是处。只要搞清哪些事情没有做好，下次加以改进，同样的失败就不会再发生了。如果确实是因为能力不足所致，也能以比较平静的心情接受失败的结果，不会因懊恼而损害自己的心灵。

## 坏事中也有可以利用的机会

一件坏事所能造成的损失通常没有人们想象的那么大，由于人们痛恨坏事，恨不得离它越远越好，急于抛弃它，以致把其中许多带来好处的方面一齐抛弃了，得到的是最坏的结果。

平庸的商人只能从好事中赚钱，优秀的商人从坏事中也能赚到钱。这是两种不同的境界。

有一家厂商，卖了一台有质量问题的汽车给一个顾客。顾客投诉时，厂商却认为产品质量没有问题，置之不理，结果引起一场官司。这场官司被新闻界炒得沸沸扬扬，厂商的销售额因此急剧下降。因为公众普遍认为它缺乏负责任的态度。原本只是一辆汽车的问题，最后却影响到很多汽车的销售，这不是从坏事中得到了最坏的结果吗？

聪明的人永远不会做这种最坏的选择，他们知道怎样从坏事中获益。比如，他们也会遇到质量问题，处理方法却大不相同。

1988 年，南京发生了一起电冰箱爆炸事件，出事的是沙市电冰箱总厂生产的"沙松"牌冰箱。电冰箱居然会爆炸，这在全国尚属首例。此事见诸报端后，引起众多冰箱用户的惊恐。

沙市电冰箱总厂获此信息，火速成立了一个由总工程师、日本技术专家等组成的调查小组，奔赴南京。他们本着负责任的态度，通知新闻媒体，允许媒体现场跟踪报道，向市民反映真实情况。

到了出事现场，日本专家对爆炸冰箱进行检查，发现压缩机工作正常，制冷系统工作正常。很显然，爆炸跟冰箱本身无关，因为冰箱的壳体是不可能爆炸的。

厂方代表问事主在冰箱里存放了什么物品，但事主拒不回答，只是要求赔偿一台新的冰箱。为了尽快弄清真相，厂方同意无论什么原因引起爆炸，都赔给他一台冰箱。这样事主才承认，自己在冰箱中存放了易燃易爆的丁烷气瓶。至此，事情真相大白。沙市冰箱总厂虽然为此事耗费了大量人力物力，但这种负责的态度经多家媒体报道后，知名度和美誉度大大提高。它的产品销售也迅速看涨。

任何报废的物品都有残存的价值，任何坏事中都有可以利用的机会。就像用一块朽木能雕成一个艺术品一样，你甚至能发掘出比坏事本身更大的价值。这当然需要一点独具匠心的运作手段。

高明的商人也是利用坏事的专家，即使从损失金钱这种切肤之痛的事情中，他们也能发掘出赚到更多金钱的机会。这正是他们能在任何环境条件下都能致富的原因。

好事或坏事，原本没有明显的界线，它们最后带来何种结果，全看当事人的手腕魄力。从好事中获益，那是傻瓜也会干的事，可惜天下哪有这么多好事？因此，一个人的成功，往往取决于他有没有将坏事变成好事的能力。

## 局势不利，不妨暂时妥协

"妥协"就其词义来说，是用让步的方法避免冲突或争执。从词性上看，妥协并无褒贬之分。近日得闲，翻阅史传、小说，顿生感悟：原来，暂时的或者说必要的妥协，乃是人生一大策略。

袁崇焕是明末著名军事家，官至兵部尚书。他屡次击退清军的进攻，战功卓著，结果却是含冤被杀。小说中说，辽东战役时袁崇焕曾想以暂时的妥协换取准备的时间。他认为，当军事上的准备没有充分之时，暂时与外敌议和以争取时间，历史上不乏先例。汉高祖刘邦曾与匈奴议和，争取时间来恢复、蓄养国力、兵力，等到汉武帝强盛时才大举反击；唐太宗李世民曾代父皇李渊做主，与突厥议和，等到兵马齐备，军队训练有素时，才派李靖北伐，大杀突厥犯敌。（顺便提及，二战史上，外国政治家、军事家因某种需要而暂时妥协者也有实例。）同是妥协议和，秦桧与前金的议和，同诸葛亮与孙权周瑜的议和，有着天壤之别，前者是屈膝投降，而后者是暂时退让，这种妥协是为将来的进攻做策略上的准备，不可同日而语。然而，袁崇焕当时委曲求全的妥协策略，难以让人理解，其为社稷计忍辱负重、行举世嫌疑之事，实属不易，此不多论。

的确，有进攻必有退守，有冲突也应有妥协。大至军国之重，小至家务琐屑之争，带兵打仗，为官从政，做人处世，必要的妥协往往是不可少的。

小不忍，则乱大谋。对于一个血气方刚的人来说，隐忍、妥协，有时并不意味着胆小、怯懦。含辱妥协，既要战胜自我，消除受辱的复仇心理，又要战胜别人，不顾世俗的猜疑、歧视，这又何尝不是一种勇敢呢！

暂时的妥协，必要的妥协，的确是一种重要的为政之道、军事之道、人生之道。大道通了，至于邻里纠纷、兄弟失和、夫妻斗嘴之类的日常矛盾，便不难用"妥协"来化解了。学会妥协，学会放弃，实则是人生一大课题。

隋朝的时候，隋炀帝十分残暴，各地农民起义风起云涌，隋朝的许多官员也纷纷倒戈，转向农民起义军，因此，隋炀帝的疑心很重，对朝中大臣，尤其是外藩重臣，更是易起疑心。唐国公李渊（即唐太祖）曾多次担任中央和地方官，所到之处，有目的地结纳当地的英雄豪杰，多方树立恩德，因而声望很高，许多人都来归附。这样，大家都替他担心，怕遭到隋炀帝的猜忌。

正在这时，隋炀帝下诏让李渊到他的行宫去晋见。李渊因病未能前往，隋炀帝很不高兴，多少有点猜疑之心。当时，李渊的外甥女王氏是隋炀帝的妃子，隋炀帝向她问起李渊未来朝见的原因，王氏回答说是因为病了，隋炀帝又问道："会死吗？"

王氏把这消息传给了李渊，李渊更加谨慎起来，他知道隋炀帝对自己起疑心了，但过早起事又力量不足，只好低头隐忍，等待时机。于是，他一面向隋炀帝表示忠心臣服之意，一面故意广纳贿赂，败坏自己的名声，整天沉湎于声色犬马之中。此举颇见效果，隋炀帝放松了对他的警惕。试想，如果当初李渊不主动低头，或者头低得稍微有点勉强，很可能就被正猜疑他的隋炀帝杨广除掉了，哪里还会有后来的太原起兵和大唐帝国的建立？

妥协是在不利形势下所实行的一种让步政策。斗争处于劣势时，对方往往提出无理要求，我们只好暂时让步，满足其要求，以待危机过去，再解决问题。

这样做有什么好处呢？

一是可以避免时间、精力等"资源"的无效投入。在"胜利"不可得，而"资源"消耗殆尽日渐成为可能时，妥协可以立即停止消耗，使自己有喘息、充实力量的机会。

二是可以获得暂时的和平，来扭转对你不利的劣势。我们之所以处于劣势，最大的原因是实力不足，或者内政、外交方面出了问题。无论提升实力还是解决问题，都需要时间。用妥协换来"和平"，你便可以利用这段时间来引导"敌我"态势的转变。

三是可以维持自己最起码的"存在"。妥协往往要付出相当的代价，但却换得"存在"。俗话说，"留得青山在，不怕没柴烧"。存在是一切的根本，因为没有存在，就没有明天，没有未来。也许这种附带条件的妥协对你不公平，让你感到屈辱，但用屈辱换得存在，换得希望，相信也是值得的。

妥协有时候会被认为是屈服、是软弱、是"投降"，而事实上，妥协是一种非常务实、通权达变的智慧，既是转危为安的战术，也是图谋远举的战略。所以，古今智者都懂得在必要时向别人妥协。毕竟人生成功靠的是理性，而不是意气。

## 打得赢就打，打不赢就走

《易经》说："淹湿了尾巴，遗憾痛惜。"意思是说，凡事要慎其始善其终，不要事后后悔。

《易经》又说："赢就打，打不赢就走。"除非万不得已，没有哪一个英勇善战的将军明知自己必败，却顽固抵抗到底，直至全军覆没。"三十六计走为上"，面对强大的对手，没有必要死拼硬打，做无谓的牺牲。如果逞强好胜，进行一场不可能获胜的战斗，日后可能懊悔莫及，甚至连后悔的机会也没有了。在打不赢时，应该通过暂时的退却，为日后反攻创造条件。

当然，所谓"走为上"，不是一遇到挑战就逃跑。退却不等于一触即溃。我们通常说"打得赢就打，打不赢就走"，是权衡胜负之机后的一种理智决策。打得赢或打不赢，是有客观原因的。受客观条件限制，没有获胜机会，就不如理智退却。

三国时，诸葛亮北出祁山，一战打败曹真。诸将要求乘胜追击，诸葛亮却急忙下令全军拔寨而退。长史杨仪不明其中原因，来问诸葛亮说："目前我军大胜，挫败魏军锐气，为什么要退兵呢？"

诸葛亮解释说："我军粮草短缺，利在速战速决。曹真初战失利，据险固守，这对我们很不利。倘若魏军出奇兵切断我军粮道，我们就难以安然撤回了。因此，我们要乘曹真刚败，不敢轻易出击的时机，出其不意的退兵。"

于是，蜀军将士立即撤退。等曹真得知这一情报时，诸葛亮已经撤退两天了。

这是"打得赢就打，打不赢就走"的典型实例。假如诸葛亮无视粮草短缺等问题，没有在打完一个胜仗后及时撤退，就将面临魏军的全力反击。一旦退路被切断，蜀军进退失据，就有可能陷入灭顶之灾。

有人也许会提出疑问：既然打了胜仗都只能选择退兵，当初何必出兵呢？岂不是与"打得赢就打"的精神相违背？从军事角度来说，似乎是这样，但从政治角度来说，诸葛亮的策略仍然是"打得赢就打，打不赢就走"。

为什么呢？当时蜀魏两国的力量过于悬殊，诸葛亮纵有天大的本领，也很难赢得全局上的成功。但是，蜀国以汉朝正统自命，讨伐魏国是必然的任务，否则不足以集结民心。一旦失了民心，强大的魏国可能反过来讨伐弱小的蜀国，到那时，局面就无法收拾了。诸葛亮审时度势，明白从局部来看，是打不赢的；但从局部来说，却能集中优势兵力打赢几个小仗。所以他每次出岐山，无论打了胜仗还是打了败仗，都立即退兵，而不恋战贪胜。这正是"打得赢就打，打不赢就走"这一策略的灵活运用。由于诸葛亮善于把握进退的时机，采取积极的攻守态势，使蜀军始终处于主动地位。

后来接替诸葛亮的姜维就有点不知进退了，不管能否打赢都要进兵，打了胜仗坚决不退，一直要让人打得大败而归。结果不但于事无补，反而将蜀国的实力消耗殆尽。这正好违反了"打得赢就打，打不赢就走"这一原理。

姜维为什么犯这种错误呢？其原因并非他不懂得"打得赢就打，打不赢就走"，而是他搞不清究竟"打得赢"还是"打不赢"，那他就无法判断什么时候该打、什么时候该走了。这正是我们很多人面临的难题。

如何判断"打得赢"还是"打不赢"呢？有位退休的将军说，他从不打没有把握的仗。他判断有无把握是建立在几个基础上面的：

一是对敌情的了解。包括实力大小、武器装备、对方统帅的性格等。

二是对己方实力的了解。

三是知道自己怎么做。也就是在知己知彼后，知道如何以己之长攻敌之短，打赢这场仗。

四是理智决策。若是己方实力不足，又找不到制胜之方，就选择退却，不打无把握之仗。

五是对自己有信心。在打不赢也不能走时，要相信自己能创造奇迹，全力以赴，凭勇气取胜。

以上五条，对我们很有借鉴作用。只要悟其神髓，我们也可以做到不办无把握之事。

总之，对一个想成大事的人来说，绝不可执着于一时成败荣辱，而采取灵活变通之策，有希望获胜时，就及时抓住机会；时机不利时，就理智地从不可能打赢的战场上撤退。

第八章

放下姿态

——忍得下小事，才能做得成大事

## 学会推功揽过

李泌在唐代中后期政坛上，是一位颇有点名气的人物。他侍奉玄宗、肃宗、代宗、德宗四代皇帝，在朝野上下很有影响。

唐德宗时，他担任宰相，西北的少数民族回纥族出于对他的信任，要求与唐朝讲和，结为婚姻，这可给李泌出了个难题。从安定国家的大局考虑，李泌是主张同回纥恢复友好关系的；可德宗皇帝因早年在回纥人那里受过羞辱，对回纥怀有深仇大恨，坚决拒绝。事情僵在那里，正巧在这时，驻守西北边防的将领向朝廷发来告急文书，要求给边防军补充军马，此时的大唐王朝已经空虚得没有这个力量了，唐德宗一筹莫展。

李泌觉得这是一个可以利用的时机，便对德宗说："陛下如果采用我的主张，几年之后，马的价钱会比现在低十倍！"

德宗忙问什么主张，李泌说："臣请陛下与回纥讲和。"

这果然遭到了德宗的拒绝："你别的什么主张我都能接受，只有回纥这事，你再也不要提了，只要我活着，我决不会同他们讲和，我死了之后，子孙后代怎么处理，那就是他们的事了！"

李泌知道，好记仇的德宗皇帝是不会轻易被说服的，如果操之过急，言之过激，不只办不成事情，还会招致皇帝的反感，给自己带来祸殃。他便采取了逐渐渗透的办法，在前后一年多时间里，经过多达15次的陈述利害的谈话，才算将德宗皇帝说通。

　　李泌又出面向回纥族的首领做工作，使他们答应了唐朝的五条要求，并对唐朝皇帝称儿称臣。这样一来，唐德宗既摆脱了困境，又挽回了面子，十分高兴。唐朝与回纥的关系终于得到和解，这完全是由李泌历经艰苦，一手促成的。唐德宗不解地问李泌："回纥人为什么这样听你的话？"

　　李泌恭敬地说："这全都仰仗陛下的威灵，我哪有这么大的力量！"

　　听了这样的话，德宗能不高兴，能不对李泌更加信任吗？

　　不仅要善于推功，还要善于揽过，两者缺一不可。

　　田叔是西汉初年人，曾经在刘邦的女婿张敖手下为官。一次张敖涉嫌与一桩谋杀皇帝的案子有关，被逮捕进京。刘邦颁下诏书说："有敢随张敖同行的，就要诛灭他的三族！"

　　可田叔不计个人安危，剃光了头发，打扮成一个奴仆模样，随张敖到长安服侍。后来案情查清，与张敖无关，田叔由此以忠爱其主而闻名。

　　汉武帝非常赏识田叔，便派他到鲁国去出任相国。鲁王是景帝的儿子，自恃皇子的特殊身份，骄纵不法，掠取百姓财物。田叔一到任，来告鲁王的多达百余人，田叔不问青红皂白，将带头告状的二十多人各打 50 大板，其余的各打 20 大板，并怒斥告状的百姓道："鲁王难道不是你们的主子吗？你们怎么敢告自己的主子？"

　　鲁王听了很是惭愧，便将王府的钱财拿出来一些交付田叔，让他去偿还给被抢掠的老百姓。田叔却不受，说道："大王夺取的东西而让老臣去还，这岂不是使大王受恶名而我受美名吗？还是大王自己去偿还吧！"

　　鲁王听了心里美滋滋的，连连夸赞田叔聪明能干，办事周到。

像田叔这样，将功劳归于鲁王，将过错留给自己，鲁王怎么会不喜欢他呢？

## 不因小仇坏大事

古人云："人之有德于我也，不可忘也，吾有德于人也，不可不忘也。"别人对我们的帮助，千万不可忘了，反之别人倘若有愧对我们的地方，应该乐于忘记。

美国喜剧大师卓别林也有一句名言："我只记着别人对我的好处，忘记了别人对我的坏处。"难怪卓别林深受大家的欢迎，拥有很多知交！

乐于忘记，对自己的心灵是一种有益的呵护。"生气是用别人的过错来惩罚自己"，老是"念念不忘"别人的"坏处"，实际上最受其害的就是自己的心灵，搞得自己痛苦不堪，何必呢？这种人，轻则自我折磨，重则疯狂报复，最后害了别人，也毁灭了自己。

乐于忘记是成大事者的一个特征，既往不咎的人，才可甩掉沉重的包袱，大踏步地前进。乐于忘记，也可理解为"不念旧恶"。人是要有点"不念旧恶"的精神，况且在人与人之间，在许多情况下，人们误以为"恶"的，又未必就真的是什么"恶"。退一步说，即使是"恶"吧，对方心存歉意，诚惶诚恐，你不念恶，礼义相待，进而对他格外地表示亲近，也会使为"恶"者感念其诚，改"恶"从善。

《三国志》中有这样一个故事：曹操在统一北方的时候，曾三次南征张绣，第一次失败，第二次获胜，第三次互有胜负，基本上打了个平手。

曹操未能消灭张绣，但张绣也没有足够的能力进攻许都，南边的局势暂时稳定下来。

在南征中，曹操损失了爱子曹昂、心腹战将典韦，虽然胜负未分，仇却结得不小。

后来，曹操接受谋士的建议，先东征吕布，平定了徐州，并打败了袁术。

公元 199 年，曹操与袁绍在官渡一线对峙。

考虑到袁绍实力强大，曹操认为应该将张绣拉拢过来，共同对付袁绍。至于以前的仇恨，只好抛在一边。

这时袁绍为了对付曹操，也派使者来到穰城，约张绣出兵进攻许都，同时还给张绣的谋士贾诩写了一封亲笔信，以联络感情。

当时袁绍势大，张绣打算帮助袁绍，消灭曹操这个宿敌。这时候，多亏了贾诩，他当着众人对袁绍的使者说："你回去告诉袁本初，他们兄弟之间尚且不能相容，怎能容得下天下国士呢！"

所谓兄弟不能相容，指的是袁绍、袁术兄弟反目成仇、互相攻伐的事。

贾诩冷不丁这么一说，毫无思想准备的张绣不由得大惊失色，脱口而出："您怎么这样说呢？"

但贾诩若无其事，因为他说的是事实。

袁绍的使者只得动身回冀州复命去了。

事后，张绣私下惶恐不安地问贾诩："您这样说，我们今后该怎么办呢？"

贾诩的回答又出乎张绣意外："不如投靠曹公。"

张绣为难地说："袁强而曹弱，我们又同曹操结下了冤仇，去投靠他怎么行呢？"

贾诩不慌不忙地说：“将军所说的恰好是我们应当投靠曹公的原因。第一，曹公奉天子以号令天下，名正言顺，从公道出发，我们应当归附于他。第二，袁绍确实强盛，但我们以不多的一点兵力去归附他，他肯定不会看重；曹公比较弱小，得到我们这支兵力，他会感到很高兴。第三，凡有志于建立王霸之业的人，肯定不会斤斤计较个人恩怨，目的是要以此向天下人表明他胸怀的博大，我看曹公就是这样一个人。这件事请将军不必再犹疑。”

贾诩说得入情入理，张绣也就不再说什么了。

这年十一月，张绣率部到许都归顺曹操。

曹操果然十分高兴，亲热地拉着张绣的手，为之设宴款待，并立即任命张绣为扬武将军。

曹操还为自己的儿子曹均娶了张绣的女儿，两人做了儿女亲家。

张绣内心十分感激曹操对他的信任，后来每次作战都异常勇敢。

官渡之战，张绣因力战有功，被提升为破羌将军。

在南皮参加击破袁谭的战斗后，封邑被增加到二千户。

曹操对张绣的信任也是始终如一的，给予张绣的封赏总是超过其他将领。后来，张绣跟随曹操北征乌桓，病死于途中。曹操伤悼不已，对他的后人优礼抚恤。

古今中外，大凡成大事者必有大器量，不会以小仇而坏大事。人在世上争名夺利，难免有几个得罪过你的人、损害过你的人，就像你必然也得罪过人、损害过人一样。既然大家都是如此，不如把被人得罪、被人损害的事看作自然，不必太放在心上。难道只有你能得罪人，别人就不能得罪你？难道只有你能损害人，别人就不能损害你？没有这个道理。

有仇必报的人，绝对成不了大器。成大事的人，将团队利益看得高于一切，绝不会以私人恩怨作为决策依据。所以，他们能随时得到朋友，随时得到助力。

## 在忍耐中积累成功资本

耐心是等待时机成熟的一种成事之道，反之，人在不耐烦时，往往易变得固执己见，粗鲁无礼，而使别人感觉难以相处，更难成大事。当一个人失去耐心的时候，也失去了明智的头脑去分析事物。所以，做任何事，都要抱有一份耐心，先打好基础，筹划好资本，然后再着手行动。

大丈夫就应当能屈能伸。在山穷水尽之时，忍辱负重，守静待时；在柳暗花明之时，持力而为，繁荣人生。

勾践在会稽之战，为吴王夫差所擒，蒙受了常人难以想象的屈辱。被释放后，他念念不忘会稽山之耻，想要在会稽山建城郭，重立都城，就把这事情交给范蠡承办。范蠡日察地理，夜观天文，造成了一座新城，团团围会稽山入内。西北方在卧龙山上立了飞翼楼，示为天门；又在东南方挖了漏石窦，示为地户。外郭长长绵延十数里，却单独留了西北一个豁口，称道"已臣服于吴，不敢壅塞贡献之道"，表现出服软姿态，其实则是为了异日进取姑苏之便。

制度俱备，勾践迁入新都，对范蠡道："我实不德，竟然失国亡家，为吴奴役，如果不是大夫相助，又怎会有今日？"范蠡道："此乃大王之福，非我之功，只要大王时时不忘石室之苦，终有一日越国当兴，吴仇得报。"勾践大喜，封了范蠡为相国，又授了大将军，专治军旅；再封文种和计然二人为大司马，辅治国政，尊贤礼士，敬老恤贫。越国上下一片欢呼。

勾践急切要复仇，苦身劳心，夜不倦卧。他命人采了大批柴薪，积成丈高，夜夜栖息上面，不用床褥，又命人悬一苦胆于坐卧之所，饮食起居，必取而尝之。

这还不止，勾践自己每出游，必载饭与羹于后车，遇到年幼的小童，取饭羹哺之，问其姓名。遇耕时，躬身秉耒，夫人自织，与民同苦。七年不收赋税，食不加肉，衣不重彩。

20年后，在勾践如此的忍辱负重、励精图治下，越国渐渐强大起来，有了近乎称霸的资本，于是向吴国大举兴兵复仇。一天夜里，范蠡悄悄带了右军，离吴营不足十里处伏下；文种又带了左军，溯江而上五六里以待吴兵；勾践自率了中军，鼓声震天，强袭吴营。

结果吴国大败，吴王投身烈火自尽。

这个"卧薪尝胆"的著名故事向来被当作"韬光养晦"的案例来讲。其实这里面也蕴含着欲速则不达的道理。

做人做事，巧遇机会是非常重要的。忍住性情，等待时机成熟再出手才是智者的选择。

当然，忍耐绝不是被动地等待。等待者将成败寄托于所谓"天时"，而不去努力增强实力、制造机会，其结果，可能在漫长的等待中逐渐消磨了雄心壮志。忍耐者在忍耐过程中，积极筹集成大事的资本，准备卷土重来的条件。一旦力量足备，即可一举扭转劣势，反败为胜。

## 做个有心人

每一位老板或上司都希望自己的员工能主动工作，并带着思考去工作，他绝不想让员工变成"机器"。在工作中，你若不能发挥主动接受、思考及实践的精神，你就永远不可能有进步。

在工作中，要做个有心人，善于观察，做事灵活，适时变通，这样才能领先别人一步，早日获得上司赏识。

不懂机智应变的人也许工作非常努力刻苦，但充其量不过是一头勤奋的牛，只能用来干粗活、重活，被人牵着鼻子工作。

在工作的过程中，每当遇到困难时，你所做出的应变行为是否恰当，是老板给分或扣分的依据。假如你的应变符合老板的意愿，你就获得了一次令老板赏识的机会，向牵牛人的位子近了一步，否则就失去了机会，离牵牛人的位子越来越远。

和珅本是宫中的一名小侍卫，默默无闻。一日，乾隆帝大驾将出，仓促间求黄龙伞盖不得，乾隆帝发了脾气，问道："虎兕出于柙，龟玉毁于椟中，是谁之过软？"

乾隆帝说的这句话，出自《论语》，因为他喜欢风雅，经常引经据典。这也是很多领导的喜好。

皇帝发怒，非同小可，一时间，随行人员瞠目相向，不知所措，而和珅知道此句出自《论语》，应声答道："典守者不得辞其责！"他声音洪亮，口齿清楚，语言干脆。

乾隆皇帝不禁一怔，循声望去，只见说话人仪态俊雅，气质非凡，乾隆帝很是喜欢。就问他出身，知是官学生，虽然学历不高，但毕竟乃读书人出身，这在侍卫中也实属凤毛麟角了。从此记住了和珅，和神也就开始发迹。

和珅常在乾隆身边，他对乾隆的性情喜好，生活习惯，甚至一言一语，一举一动，都处处注意，留心观察。时间一久，把乾隆的脾气、心理、爱憎等等，了解得十分清楚。乾隆什么时候想要什么东西，什么时候该办什么事情，他一看乾隆的脸色，就能猜得出个八九。有时不等乾隆开口，他早已把该要的东西准备好了。因此，和珅费尽心机，在各方面都使乾隆非常满意。

有一年，顺天府举办乡试，四书的题目照例由皇帝钦命。先是内阁预先进呈一部四书，皇帝出完题后再发回。这一次当太监捧着四书发还内阁时，和珅就打听乾隆命题时的情况。太监说："皇上信手翻着《论语》，第一本快完的时候，忽然点头微笑，振笔直书。"和珅想了想，说："一定要考'乞醯'这一章。"考题发下来，果然如此。原来这一年是乙酉年，"乞醯"二字正好嵌着"乙酉"。和珅的揣摩本领由此可见一斑。

因此，在工作中，你若不能发挥主动接受、思考及实践的精神，你就永远不可能有进步，而永远被人踩在脚下。

你能很好地领会他们的意图并去执行任务，对他们来说简直再好不过了。

所以，你要能够很明确地掌握老板和上司的指令，并加上本身的智慧与才干，把指令的内容做得比老板或上司想象的还要好。

平时，要主动地学习更多的有关工作范围的知识，随时运用到工作上。要有高度的自律能力，不用督促就可以把工作效率保持在一定水平之上。别人有好的工作方法和工作经验，你及时学过来，化为己用。

学会在工作中做一个"有心人"，你的工作和你的事业才能发展得更接近你的理想。

## 人要不断充实自己

别忘记把握时间不断充实自己，挖一口属于自己的井。昨天的努力就是今天的收获，今天的努力就是未来的希望。岁月不饶人，当年龄大了，挑不动水时，你还会有水喝吗？

东吴名将吕蒙，少年时家境贫困，没有条件读书。但他作战英勇，屡立战功。孙权继位后，就提升吕蒙做平北都尉。

建安十三年（208），孙权派吕蒙为先锋，亲自攻打黄祖，以报杀父之仇。吕蒙没让孙权失望，他斩了黄祖，胜利回师，被提升为横野中郎将。

但吕蒙有个缺陷，他从小没有机会读书，识字不多。带兵镇守一方，每向孙权报告军情时，只能口传，不能书写，很不方便。一天，孙权对吕蒙和蒋钦说："你们从十五六岁开始，一年到头打仗，没有时间读书，现在做了将军，就得多读些书呀。"吕蒙说："忙啊！"孙权说："再忙，有我忙吗？我不是要你做个寻章摘句的老学究，只要你粗略地多看看书，多了解一些以前的事情。"说着给他列出详细的书单：包括《孙子兵法》《六韬》《左传》《国语》《史记》《汉书》等。

在孙权的启发和鼓励下，吕蒙开始发奋读书，后来竟达到了博览群书的地步。

鲁肃做都督的时候，仍然以老眼光来看待吕蒙，以为吕蒙只是一个文化水平不高的武将。有一次，鲁肃路过吕蒙的驻防地区，同吕蒙谈话。吕蒙问鲁肃："您肩负重任，对于相邻的守将关羽，您做了哪些防止突然袭击的部署？"鲁肃说："这个，我还没考虑过！"吕蒙就向鲁肃陈述了吴蜀的形势，提了五点建议。鲁肃听了非常佩服，赞扬吕蒙见识非凡，认为吕蒙已是一个文武双全的人才。鲁肃走到吕蒙跟前，拍拍吕蒙的后背说："真是聪明一世，糊涂一时，吕兄进展如斯，我还蒙在鼓里，先前总以为你只有勇武，不想，听君一席话，茅塞顿开，原来吕兄也是满腹经纶之人，可笑愚弟走了眼。"

吕蒙一笑说："士别三日，理当另眼相看，况且你我之别，远非三日，如何知我有多大变化，今日一叙，老弟你可不能再用老眼光来看我了。"

打那以后，鲁肃与吕蒙成了好朋友。不久他又接替鲁肃统率东吴的军队，成为一代名将。

吕蒙转型很快，从一介武夫，脱胎换骨为见多识广的将才，靠的就是读书，不断地充电。

有人会叹气说，以前在学校的时候也很爱读书，一参加工作就没有时间了。这是不对的。平时再忙，也要读一些好书，比如与自己工作密切相关的书，对为人处事、修养有益的书，开阔自己眼界的书，等等。此外，一些与工作有关的课程和培训也要多留意，如果有，就抓紧机会向上司申请，即使自费也值。

古代有这样一个寓言故事：

两个和尚分别住在相邻两座山上的庙里，这两座山之间有一条河，两个和尚每天都会在同一时间下山去河边挑水，久而久之便成了朋友。

不知不觉五年过去了，突然有一天左边这座山的和尚没有下山挑水，右边那座山的和尚心想："他大概睡过头了。"没太在意。哪知第二天，左边这座山的和尚还是没有下山挑水。一个星期过去了，右边那座山的和尚心想："我的朋友可能生病了，我要过去看望他，看看能帮上什么忙。"等他看到老友之后，大吃一惊，因为他的老友正在庙前打太极拳，一点儿也不像一个星期没喝水的样子。他好奇地问："你已经一个星期没下山挑水了，难道你可以不用喝水了吗？"朋友带他走到庙的后院，指着一口井说："这5年来，我每天做完功课后都会抽空挖这口井，即使有时很忙，能挖多少算多少。如今，终于让我挖出了水，我就不必再下山挑水去了，可以有更多的时间练我喜欢的太极拳了。"

在工作中，即使你的薪水、股票拿得再多，那也只是挑水。别忘记把握下班后的时间不断充实自己，挖一口属于自己的井，培养自己某一方面的实力。昨天的努力就是今天的收获，今天的努力就是未来的希望。

## 七分工作，三分汇报

向上级汇报工作，什么当说，什么不当说，一定要做到心里有数。表现自己的成绩，不可过分夸耀，提出批评和建议，一定要注意分寸。文字工作是一门在实践中习得的学问，要在实践中精进。

在古代，交通不便，地方官员当面向上级汇报工作的机会不多。下级向上级汇报工作主要靠文书，向朝廷写的报告叫奏牍。既然见面不便，文字工作就显得非常重要了。

曾国藩就深知这一点，奏议是臣子最重要的事，必须谨慎对待，下一番功夫才行。很多名臣都是奏牍的高手。我们今天看《古文观止》，其中很多文章都是奏牍文书，也就是汇报材料。贾谊、韩愈、欧阳修、苏轼、王安石、司马光等人都是写汇报材料的高手。

李鸿章入幕后，曾国藩开始主要让他负责文书工作。这是为官者的一项重要素质，训练的是如何与上级打交道。当时只有地方大员才有上奏折的权力，李鸿章虽然也在安徽练了几年兵，但是最多不过是个记名的道员，还没有直接和朝廷对话的资格。曾国藩让他负责起草奏折，一方面是知道他的笔下功底不错，用他比较放心，另一方面也含有培养之意，李鸿章以后独当一面，这一关必须过硬才行。湘军的主要头目，无论是左宗棠、胡林翼还是曾国藩，都是这方面的高手，因此有天下奏牍三把手的说法。

咸丰八年（1858）底，湘军李续宾部在三河镇被李秀成、陈玉成全歼，李续宾和曾国藩的弟弟曾国华等400多将领战死，是湘军出师以来最大的损失。事情过后，胡林翼奏陈其事，请求给予优厚的追赠，语极沉痛诚挚，咸丰帝也被打动了，禁不住涕泪交流，下令追赠李续宾为总督，两个儿子都赐予举人出身，并送部引见，赐银500两。

李续宾虽然是湘军悍将，但是却没有正式的官衔。这次一个人得到了皇帝这么厚重的赏赐，不能不说胡林翼的奏折起到了决定性作用。为此，胡林翼也深感自豪。他在咸丰九年（1859）正月初一给左宗棠的信中说："天下奏牍，仅三把手，而均在洞庭以南。此三子者，名次高下，尚待千秋。自问总不出三名之下。倘其抑志拊心，储精历学，则不肖尚未可量也。"

胡林翼对自己的奏牍功夫很是得意，将自己与曾、左并列，称天下奏牍三把手，并说自己"尚未可量"，实则有以己为首之意。而左宗棠则说："当今善章奏者三人，我第一。"曾国藩从未争过第一。据民国的徐凌霄、徐一士兄弟说，三人各有特色，曾之雄伟，胡之恳切，左之明畅，都超乎常人，不分先后。但从学问根底而言，"国藩为独优矣"。

曾国藩文章高妙，所以奏牍也非他人可及。据研究，他的奏稿也分不同时期，有显著变化。总的特点是：明快简练、凝重沉稳。但前期的奏稿显得戆直、激切、倔强。后期，即1858年重新出山以后，其特点则变为绵里藏针、缜密老到、平淡质实。1858

年是他仕途变化最明显的一年，经此番风波，他渐趋谨慎，在奏牍中也充分表现了出来。

当时能向皇帝奏事是一种特权，表明这个人已得到皇帝的注重。如何利用好这样的机会，就要在奏章上下功夫。曾国藩频频教导手下，在奏牍上一定要谨慎行事。同治元年（1862）正月，曾国藩读了洪亮吉的《上成亲王书》，此人就因为上了这一奏疏，被发配新疆。曾国藩读后说，其实也没有什么犯忌讳的地方，饶是如此，尚且遭此大祸，可见奏牍不可不慎啊。

同治五年（1866）十一月，鲍超获准向朝廷直接奏事，自以为腾达之日可待，很是兴奋。曾国藩却以自己的教训为例，告诫他要谨慎行事。他在信中说："阁下虽可奏事，但须十分谨慎，不可乱说一句。若任意妄说，言不当理，或触圣怒，不准再奏，则反失台端之体面，又负鄙人之期望矣。国藩道光末年在京上疏，颇有锋芒，自出京后，在军十四年，所奏之折无一语不朴实，无一字不谨慎。即如此次因军务不顺，请开钦差、江督各缺，并非得意之时，而所奏两折两片，亦仍属谨慎，兹特抄寄一阅。从古居大位，立大功之人，以谨慎败者少，以傲慢败者多。"

第二年五月，曾国藩又以此教训了曾国荃一番。曾国荃刚获得单衔奏事权，就弹劾满臣官文，捅了马蜂窝，所以曾国藩再三告诫他写奏稿不可不慎。他说："吾兄弟高爵显官，为天下第一指目之家，总须于奏疏中加意检点，不求获福，但求免祸。"

然而的确有不听曾国藩劝告而以此致祸的人，吴汝纶日记中记载："手笔书疏，大臣最宜慎重。武侯之徒李平即出其书疏前后违错而表上其罪也。汝纶前随曾相在军时，有某帅来，相公戒以书疏不可不留意，其后果以此致败。"

我们常说会写文章的人是笔头好，其实根本的问题还在于有头脑，有想法。领导手下的笔杆子为什么提拔得快？很大原因在于他们常在领导身边，站得高，有想法。

工作干得好，还要文书写得好。七分工作加三分宣传，还是应该的。

## 当办之事不能拖

一位哲学家说：如果将人生一分为二，前半段人生哲学是"不犹豫"；后半段人生哲学是"不后悔"。

"不犹豫"和"不后悔"，看起来是矛盾的：决策太快，就可能做出后悔之事；为了将来不后悔，就需要小心谨慎。这种心态，使很多人变得优柔寡断。

"当断不断，必受其乱"就是这个道理。就如下棋一样，一着不慎，满盘皆输。

为什么有些人当断不断呢？有两个原因。其一是，事情比较棘手，他们想拖一拖，等方便时再着手处理。殊不知，当办而难办之事，并不会因时间推移而降低难度，反而会因错过办事时机而变得更难办。其二是，利弊得失不是很明朗，他们想看得更清楚一些再着手处理。殊不知，世事如同博弈，你看不清时，对方也同样看不清。等到你看清了，对方也同样看清了，事情的难度非但没有降低，反而连赌一把的机会也失去了。所以，聪明人对当办之事，总是当机立断，决不会犹豫不决。

清朝时，咸丰皇帝死后，东太后和西太后共同帮助同治皇帝处理朝政。东太后地位较高，西太后又善于权谋，两人面和心不和。

这天，山东巡抚丁宝桢正坐在客厅中读书喝茶，只见德州知府匆匆地跑来求见。

"巡抚大人，你可要救我一命啊！"知府哭得泪珠横飞。

丁宝桢一见，忙问缘故，知府哭哭啼啼地说道：

"今天有个人到我府上，我一见竟是安德海，连忙送上白银二百两。没想到，他啪地扇了我一耳光，还说限我三天之内交出白银五千两，差一两，便要我的命。你说，我现在到哪里去弄五千两啊！"

丁宝桢明白了：这安德海的确不好惹，他是西太后最得宠的一个太监，贪赃枉法，无恶不作。由于他的特殊身份，一般没人和他计较，也不敢和他计较。没想到今日他竟敢在丁宝桢的地盘撒野。丁宝桢决定把这个宦官除掉。

丁宝桢问："他来这里干什么？"

"说是给西太后订制精美的锦衣。"

"皇宫大内什么衣服没有，竟上民间来找？"丁宝桢对西太后的所作所为早有耳闻，今日又遇到这种事，不觉心怀不满。

知府叹气不语，为自己的脑袋担心。

丁宝桢又问："你见到圣旨了吗？"

"没有！可是，西太后手下红人亲临，同圣旨有什么区别？"

丁宝桢一拍桌子，高声道："好，你立即回去把安德海抓来见我！"

"什么？"知府瞪起眼睛，以为自己听错了，"大人，你再说一遍。"

"咱们大清朝有条祖训：'内监不许私自离开京城四十里，违者由地方官就地正法。'安德海既无圣旨，肯定犯了这条。"

"可是西太后那里如何交代啊？"知府还是满头雾水。

"西太后自有人能降她。你想，安德海乃是她的宠臣，他出宫这么久，一定是得到了她的恩准。东太后向来与西太后有矛盾。我们上奏东太后，东太后肯定会降旨斩杀安德海，西太后明知自己有错，所以也不敢太张扬。你现在就去办。"

知府见上司说得有理，急忙去抓安德海。

"姓丁的你瞎了眼，我是安德海！"安海德被人捆得结结实实，一见丁宝桢便破口大骂。

丁宝桢冷笑道："对！我抓的就是你安德海！"

安德海一听，居然笑了：

"丁宝桢，你敢把我怎么样？实话告诉你，"他瞅了瞅德州知府，"这个狗奴才抓我的时候，我的一个手下已快马回京报与西太后知道了，从德州到这儿，这么短的距离，用不了多久，太后的懿旨就会到，那时你就吃不了兜着走了。"

安德海说完哈哈地狂笑起来。

丁宝桢笑道："太后的懿旨早就到了，我念给你听着：'安德海私自出宫，出京城四十里，依祖训，就地正法。'"

安德海"啊"的一声，定睛瞧去见果是东太后的懿旨。

"你，你什么时候得到她的懿旨的？"

"抓你之前。现在你还有什么话说？"不等安德海说话，丁宝桢大喝一声："来人啊！推出去斩了。"

忽听有人在门外高喊："西太后懿旨到！"

安德海高兴地放声大笑。

丁宝桢知道西太后的懿旨肯定是来救这个太监的。放了安德海，得罪东太后；不放，西太后更是不好惹。

他想了一想，命令道："前门接旨，后门斩首。"

安德海被推出后门。

丁宝桢跑到前门跪听懿旨，果然是来救安德海的。

"下官遵照东宫太后旨意，此刻已将安德海斩首了。"丁宝桢镇静地说道。

虽然杀了西太后的宠臣，由于站在理上，丁宝桢非但没有受到惩罚，反而以刚毅果决名闻天下。

## 耐心等待最佳出手时机

历史经验告诉我们：身处弱势时，要忍住急于求成的心理状态，不要过于暴露自己，而要凭借着良好的外界形势，壮大自己的力量。当然，在保持和发展自己的强势的同时，还要学会装糊涂，尽量掩饰自己表面的强壮，隐忍行，以退为进。

康熙在8岁当上皇帝，那时还是个什么都不懂的小孩子。他的父亲顺治帝临死前，命八个满族大臣辅佐他处理国家大事。鳌拜虽位居四大臣之末，但掌握着兵权，不断扩大自己的势力，而且性情特别凶残霸道，他有权有势，如日中天，皇帝简直成了他的附属品。

在康熙14岁亲自执政后，鳌拜还是专横地把持着朝政，根本不把皇帝放在眼里。不但小皇帝对他十分痛恨，就连众大臣也是敢怒却不敢言。

康熙想除掉鳌拜，但慑于他的权势，只好先装模作样。他用一切时间学习政治，用一切机会实践政治。同时，他还要做出依然不懂事的样子，傻玩傻闹，绝不让鳌拜看出他的真实想法。

有一次，鳌拜和另一位辅政大臣苏克萨哈发生争执，他诬告苏克萨哈心有异志，应该处死。这时，好歹康熙名义上是已经亲政的皇帝，鳌拜先要向他请示。

康熙明知道这是鳌拜诬告，就没有批准。这下可不得了，鳌拜在朝堂上大吵大嚷，卷着袖子，挥舞拳头，闹得天翻地覆，一点臣下的礼节都不讲了，最后，还是擅自把苏克萨哈和他的家属杀了。

从此以后，康熙更是下决心要整顿朝政。为了擒拿鳌拜，他想出一条计策。

康熙在少年侍卫中挑了一群体壮力大的，留在宫内，叫他们天天练习扑击、摔跤等拳脚功夫。空闲时，他常常亲自督促他们练功、比武。而且，消息一点都没有走露出去。

有一天鳌拜进宫奏事，康熙正在观看少年侍卫练武，只见少年侍卫正在捉对儿演习，一个个生龙活虎，皇帝还在场外指指点点。

康熙看见鳌拜来了，大吃一惊，心想坏了，如果被鳌拜看出破绽，那别说皇位坐不安稳，就连命也要赔进去了。真是福至心灵，他灵机一动，故意站起身走进场去，笑着夸奖这个勇敢，奚落那个功夫不到家。说："来，你和我打一架，看看我的功夫。"一派贪玩的少年形象。

鳌拜一看皇帝如此胡闹，心中暗笑，看来这大清的江山，永远是我鳌拜的了。鳌拜走近康熙，刚要奏事，康熙却摆摆手说："今天玩得痛快！有事先不要说，等我……"

鳌拜连忙说："皇上，外庭有要事奏告。皇上下次再玩吧。"康熙这才恋恋不舍地和鳌拜进殿去了。

过了一段时间，少年侍卫们的武艺练习得有了长进，鳌拜的疑心也全消除了，这时，康熙决定动手除奸。这天，他借着一件紧急公事，召鳌拜单独进宫。鳌拜哪里有什么防备，骑着马就大摇大摆地进宫来了。

康熙早已站在殿前，一见鳌拜已经走进中，便威武地喝道："把鳌拜拿下！"只听得一阵脚步响，两边拥出一大群少年侍卫，一齐扑向鳌拜。

鳌拜不一会儿就被众少年掀翻在地，捆缚起来，关进大牢。

康熙用隐忍之法，除掉了这个朝廷祸害，显示了康熙少年有为，有勇有谋的皇帝风范。

其实人生的漫漫长路，风云变幻，难免危机四伏，为保全自己，打击对手，还是要做做样子，装装糊涂，麻痹对手，伺机而动才能咸鱼翻身。

喜欢逞一时之勇、图一时之快、不考虑后果的人，应该记住：留得青山在，才有东山再起的资本。

## 低头办事，低声求人

如何谋取胜局？这是一个非常深刻的话题。其中一法是：以柔克刚，以屈代伸。说白了，就是能够低头办事，低声求人。

曾国藩是一位以柔克刚、以屈代伸的高手，从咸丰七年（1857）二月二十九日奔丧至家，到咸丰八年（1858）六月初七日再度出山由湘乡动身赴浙江，是曾国藩居家的一段时间。在这一年半当中，是曾国藩一生思想、为人处世的重大调整和转折的时刻。这段时光中，他反复而痛苦地回忆、检查自己的前半生。自入仕途，以孔孟为宗旨积极入世，对自身的修养严厉酷冷，一丝不苟；对社会抱有"以天下为己任"的坚定胸怀。持身严谨，奋发向上，关心国事，留心民情，因而赢得君王信任和同僚的尊崇，十年京官春风得意。正是抱有这种信念，以一文官而白手建军、治军，五年来一身正气，两袖清风，出生入死。但是，为什么皇上反而不信任？为什么上至枢垣，下至府县，都那么忌恨自己？

为了解决这些问题，他又日夜苦读，重阅《左传》《史记》《汉书》《资治通鉴》，希望能从这些书里找到解决问题的答案。然而，这些书他已读得烂熟了，重新翻读，只能找到自己过去的思维印迹，并未发现新东西。

在百思不得其解之时，曾国藩试图绕开儒家经典，到道家那里寻求"真经"。为此，他认真阅读了以前看过，但并不相信的《道德经》《南华经》等老庄的著述。这些书名为出世之学，但曾国藩重读，却为他的立身处世指点了迷津。你看：同样为人处世，孔孟主张直率、诚实，而申韩（申不害、韩非）等法家却主张以强碰强，硬对硬，老庄则主张以柔克刚、以弱胜强，"天下之至柔，驰骋天下之至坚"，"江河所以为百谷之王者，以其善下"。下反而是王，弱反而能强，柔则是至刚。用老子的言论对比自己过去的行事，他发觉自己处处直截了当，用的是儒家的至诚和法家的强权，表面上痛快干脆，似乎是强者，结果处处碰壁，实质上是失败，是弱者。到头来弄得上上下下到处是敌人，前前后后处处是障碍。过去也知道"大方无隅""大象无形""大巧若拙"，但一直没有真懂，所以自己的行事恰好是有隅之方，有形之象，似巧实拙。而真正的大方、大象、大巧是无形无象、鬼斧神凿的。

自此之后，曾国藩行动做事，由前时的方正，变为后来的圆通。他自己承认，"昔年自负本领甚大，可屈可伸，可行可藏，又每见人家不是。自从丁巳、戊午大悔大悟之后，乃知自己全无本领，凡事都见得人家几分是处，故自戊午至今九年，与四十岁前迥不相同"。曾国藩这里把家居的两年自称为"大悔大悟"之年，他自认为前后行事"迥不相同"了。

曾国藩大彻大悟后的巨大改变，使他的朋友都有所感受，胡林翼就说他"无复刚方之气"。出山之前，他对清廷上下的官场习气很是反感，"与官场落落不合，几至到处荆榛"。而再次出山之后"改弦易辙，稍觉相安"。其中原因人多不知，只在他的至亲密友中私下告知他自己学问思想方面的变迁，行为处世方面的变化，曾国藩个人对自己的"大彻大悟"既是痛苦的，又是满得意的。苦在被迫放弃了自己前半生的信仰与行为，得意在毕竟发现了作为处世的"真正"秘诀——"大柔非柔，至刚无刚"。

至咸丰八年（185）六月初七日，一度抑郁不得志的曾国藩再次出山，品味了"大柔非柔，以屈求伸"这一处世哲学的妙处。出山后，曾国藩首先去见了骆秉璋和左宗棠，以期取得湘湖实力派人物的理解与支持。

的确是这样，曾国藩来长沙几天，主要是遍拜各衙门，连小小的长沙、善化县衙他也亲自造访。堂堂湘军大帅，如此不计前嫌。谦恭有礼的举动，使长沙上下的官场人人都感到再次出山的曾国藩的确像换了个人，既然曾大帅如此谦恭，他们纷纷表示全力支持湘军，消灭"长毛"。经过曾国藩的一番拜访、联络，赢得了湖南省大小官员的好评，他们表示要兵给兵、要勇给勇、要饷供饷。

曾国藩在长沙逗留十几天，随后乘船又到武昌。在武昌亦如长沙，衙衙拜访、官官恭问，胡林翼自不必说，武昌城里的官员也无不表示对曾国藩的支持，同湖南一样，为湘军供饷供械。随后，曾国藩又与那些阔别一年多的部下见了面，他们商量了下一步的行动。计议已定，曾国藩命部队到江西河口集结，自己则去了南昌，拜会江西巡抚耆龄。耆龄深知曾国藩再次出山的来头，也不像陈启迈、文俊那样为难曾国藩，主动答应为湘军供应粮草、军饷，这就使湘军基本度过了军饷难关。

　　总之，曾国藩再次出山，因为能够低头办事、低声求人，所以要人有人、要粮有粮、要兵器有兵器，可谓一路顺风，完全改变了家居前的困守地位。

# 第九章 敢于竞争

## ——对手是成功对你的鞭策

## 实力是最棒的台词

有一句话说得好：实力是最棒的台词，行动是最好的语言！

抗战初期的共产党、八路军，条件艰苦，装备低劣，而且由于国民党控制着国内大部分新闻媒体，也没有舆论上的优势。不仅外国人不了解，连很多中国人自己，都不相信这样的政党，这样的军队能够擎起抗日的大旗，能够在抵抗日本帝国主义侵略的斗争中起到中流砥柱的作用。但平型关大捷、百团大战、敌后抗日根据地的开辟，打懵了日本鬼子，也打出了中国人的威风和志气。

这样的行动，最具有说服力。

不知道的人以为是在胡说，但茅台酒能够成为国际名酒，靠的确实不是广告，而是摔出来的。

中国著名的茅台酒第一次被带到巴拿马参加国际博览会时，遭到了意想不到的冷遇。

当时，西方各国的展台抢先占据了显要的位置，摆放了各式各样、包装精美的"香槟""白兰地"等名酒。而中国的茅台酒因为知名度不高，被随意安排到了一个角落里，久久无人问津。

一位被派到博览会的中国工作人员，见到评委们和西方酒商不公平的安排，很不服气。但要争取好一点的位置，显然不太可能；请参观选购者品尝，又遭到轻蔑的拒绝。在万般无奈的情况下，这位工作人员忽然灵机一动，想出了一条妙计：他提起一瓶茅台酒，走到展览厅最热闹的地方，假装不小心脱手，把那瓶酒摔在了坚硬的大理石地板上。随着一声脆响，引来了众人的目光，一阵奇香四溢，扑面而来直冲人的鼻孔。来自世界各地的评委和参观选购者纷纷围了上来，个个耸动着鼻子，赞不绝口，七嘴八舌地向中国工作人员询问，是什么酒如此醇香。

"这是我们中国的茅台酒"中国的工作人员自豪地回答，并把人们领到了角落里的展台前，请大家品尝。

这一下，没有人再拒绝了，人人为之折服。茅台酒名震博览会，被大会评为世界名酒。

这是实力在说话，却胜过了千言万语。

职场中、官场上，常有这样一些人：一天说不了几句话，却能把分管的工作抓得有声有色。出色的行动配上关键时刻关键内容的寥寥数语，不仅赢得了群众，也征服了上司。

可见，表达，不一定全靠语言。

如何用实力说话？

其一，说话的目的在于表现实力。说话在绝大多数情况下是为了表现你的实力，实现一定的目的，而不是锻炼舌头的灵活性或者是相关的肌肉。

其二，要有实力作保障。没有足够的实力，再高超的语言技能都派不上用场。

其三，行动是实力最好的开场白。身份经常会限制你优势的发挥，此时别忘了用实际行动展示你的实力，那是最好的开场白。

## 让对手小看你的实力

古代的荷马史诗《伊利亚特》中记载了有名的特洛伊战争：

联军为了攻破特洛伊城，费尽心机想出一条计策。两军交战联军假装节节败退，仓皇中丢下一个内装精兵的木马。特洛伊人眼见敌军败走，欢声雷动，顺理成章地将木马作为战利品带回城内，是夜正当特洛伊人庆祝胜利的时候，木马内暗藏的无数精兵一涌而出，杀得特洛伊人张皇失措。城外守候的联军将士一见城内大乱，也急急向城头进攻，一举占领了特洛伊城。这就是有名的"木马计"。

隐藏自己的真实力量，不仅可以免除"人怕出名猪怕壮"的烦恼，更重要的是能够使对方放松警惕，让你在激烈的竞争中变得轻松。

三国时期，由于荆州地理位置十分重要，成为兵家必争之地。公元217年，鲁肃病死。孙、刘联合抗曹的蜜月已经结束。当时关羽镇守荆州，孙权久存夺取荆州之心，只是时机尚未成熟。不久以后，关羽发兵进攻曹操控制的樊城，怕有后患，留下重兵驻守公安、南郡，保卫荆州。孙权手下大将吕蒙认为夺取荆州的时机已到，但因有病在身，就建议孙权派当时毫无名气的青年将领陆逊接替他的位置，驻守陆口。陆逊上任，并不显山露水，定下了与关羽假和好、真备战的策略。他给关羽写去一信，信中极力夸耀关羽，称关羽功高威重，可与晋文公、韩信齐名。自称一介书生，年纪太轻，难担大任，要关羽多加指教。关羽为人，骄傲自负，目中无人，读罢陆逊的信，仰天大笑，说道："无虑江东矣。"马上从防守荆州的守军中调出大部人马，一心一意攻打樊城。

陆逊又暗地派人向曹操通风报信，约定双方一起行动，夹击关羽。孙权认定夺取荆州的时机已经成熟，派吕蒙为先锋，向荆州进发。吕蒙将精锐部队埋伏在改装成商船的战舰内，日夜兼程，突然袭击，攻下南部。关羽得讯，急忙回师，但为时已晚，孙权大军已占领荆州。关羽只得败走麦城。

先是陆逊装成"黄口小儿""文弱书生"，后是吕蒙把精兵隐为商人，即使关羽身经百战，孔武有力，最终都免不了"一失足成千古恨"。

孔子年轻气盛之时，曾受教于老子。老子对孔子说："良贾深藏若虚，君子盛德容貌若愚。"即善于做生意的商人，总是隐藏其宝货，不叫人轻易看见；君子之人，品德高尚，容貌却显得愚笨拙劣。可见，学会隐藏自己的实力，将会使你在激烈的竞争中受益无穷。

古人说得好，"木秀于林，风必摧之"。随意亮自己的家底，会给自己带来无尽的麻烦。这个世界上，多十个好人，显不出什么来，但招惹一个小人，就能让你痛苦终身。

如何保全自己呢？

其一，让对手尊重你的人品，小看你的实力。你可以用省下来的精力把自身完善得更好，让他们无从进攻，让你在竞争中变得轻松。

其二，隐强示弱。嫉妒是仇恨的源泉和种子，到处炫耀自己的实力等于自残。

其三，即使你富可敌国，也不要一次给予别人太多。细水长流般的支持，才是真心实意的帮助，否则，会让人有被施舍的感觉。

其四，用以隐藏实力最好的方式，是让你的外在表现同大多数人一样。当然，矫揉造作般到处哭穷的人，结果反而是欲盖弥彰。

## 堵住对手的"瓶颈"

有人曾提出过一个"瓶颈理论"。其大意是说。每一个组织，比方说企业，都存在某个最薄弱的地方，就像瓶颈一样，是最细小的地方，人力、物力资源的效率，通常取决于"瓶颈"的大小。

无论个人还是组织，"瓶颈"无疑是一个最软弱的地方。在商场竞争中，如果你瞄准对手的"瓶颈"，或者堵死它，或者比它做得更好，无疑是取胜的捷径。

欧洲休勒特·派克德公司有一套独特的新产品开发程序。它往往并不急于推出新产品，当竞争对手的新产品上市后，它便派人去经销商和用户那里了解他们对新产品的不满之处，以及他们对这种产品有什么期望。根据调查，休勒特·派克德迅速研制出比原产品更完美的产品。这等于是将对手的缺点变成自己的长处。结果，这家公司的产品虽然较迟上市，却比先上市的产品卖得更好。

要想将对手好的方面做得更好，难度极大；要想将对手不好的方面做得更好，相对简单得多。所以这种方法可算是一种竞争取胜的简便方法。世上没有完美的人，也没有完美的公司。这给弱者提供了战胜强者的机会。假如你的优点比不过人家，就瞄准对方的缺点，攻其薄弱环节。这比在对方优势项目上硬拼实力胜算要大得多。

温迪公司是美国快餐业的后起之秀，当它成立时，美国的快餐市场早已被麦当劳、肯德基等大公司所瓜分。尤其是麦当劳，占市场份额45%，是快餐业的"大哥大"。

在这种形势下，无论温迪公司怎样改进产品和服务，生意做得仍很吃力。为了竞争图存，温迪公司只能避强就弱，另找财路。

它发现，麦当劳的目标市场锁定在少年儿童和低龄青年身上，而美国人口出生率急剧下降，成年人的比率比少年儿童及低龄青年的人口比率高得多。于是，温迪公司把目标市场定位在 20 岁以上的青壮年消费群体上。这就避开了麦当劳的强项，终于争得一席之地。

为了扩大战果，温迪公司又有意使汉堡包的肉馅比麦当劳多出零点几盎司。肉馅增加了，怎样让消费者知道呢？正面宣传效果不一定好，因为消费者很难为零点几盎司肉馅放弃吃习惯了的汉堡包。

正在此时，温迪公司得到一个绝好的宣传机会：美国农业部搞了一项正式调查，宣布麦当劳 4 盎司肉馅的汉堡包的含肉量从未超过 3 盎司。美国消费者的维权意识强，麦当劳缺斤短两的行为在社会上引起很大反响。温迪公司马上抓住麦当劳这个漏洞，投入大量广告费，借攻击麦当劳缺斤短两来宣传自己做生意厚道。

经过精心策划，温迪公司挑选音色独特的女影星克拉拉扮演一个"美貌挑剔的老太太"，作为自己的形象代言人，以便与麦当劳的"麦克唐纳叔叔"对抗，并拍出了一个十分有趣的广告片。

广告片是这样的：一个较真、好斗而貌美的老太太，面对桌上一只硕大无比的汉堡包眉飞色舞、笑逐颜开。她满心欢喜地撕开面包，发现中间夹着的牛肉却只有指甲盖那么大。她惊讶、好奇，盯着汉堡包左看右看，终于明白这个外表好看的汉堡包原来是个骗局。她恼怒地嚷道："牛肉在哪？"

由于克拉拉表演得惟妙惟肖，观众百看不厌。每次看到"牛肉在哪"时，都不禁开怀大笑。大笑之余，忍不住想起"麦克唐纳叔叔"的短斤缺两，从而反衬了温迪多零点几盎司肉馅的诚实可贵。

这则广告极为成功，以致"牛肉在哪儿"竟成了虚假产品的代名词。它还被评为国际广告的"经典作品"。自此，温迪公司美誉度大增，生意兴隆，一举成为美国第三大快餐公司。

老虎也疏于防范的时候，再强大的对手也有照顾不到的弱项，你只要留心，一定能从对手的弱处找到赚钱的机会。

## 不给对手可乘之机

当你试图寻找对方弱点下手时，要知道，对手也在设法寻找你的弱点，随时准备给予致命一击。当你跟某个竞争对手较量的时候，尤其要提防"鹬蚌相争，渔翁得利"，或者"螳螂捕蝉，黄雀在后"。

在一条街上，有三家绸缎店，相互竞争很激烈。在淡季里，周记绸缎店为打开销路，挂出"蚀本甩卖"的牌子，降价促销。对面李记不甘示弱，也实行低价促销。旁边王记不敢后人，也跟风而上。

周记为了盖住李、王两家，再次加大折扣。这下把李记惹火了，心想：你小子不守行规，难道想搞垮我吗？我倒要看看谁搞垮谁。于是他打折的幅度比周记更大。周记不服气，再次降价。周、李两家相互降价，王记也被迫攀比。结果，这场价格战演变成了真正的蚀本甩卖。

半个月后，王记宣布关门大吉。周、李两家都想，只剩一家了，再加把劲把对方摆平，以后好吃独食，于是双方瞪圆了眼，狠命杀价。由于两家的价格确实便宜，每天顾客盈门，许多人甚至成匹购买。

等到两家拼得筋疲力尽时，他们惊奇地发现，已关门的王记又开业了。原来，周、李两家的绸缎大部分是他暗中派人买走了。周、李两家因损失惨重，一家被迫关门，一家成了王记的分号。

任何一家公司都有漏洞，这就为对手提供了打败自己的机会。作为商人，想做到完美无缺是不可能的，重要的是知道自己的优势和短处在哪里，在发挥优势的同时，防止短处出问题。这样就不会给对手留下可乘之机。

## 与对手结为盟友

在商场中，所谓朋友或对手，是就利益得失而言。如果对方不利于自己的利益，就是对手；如果有利于自己的利益，就成了朋友。作为商人，最聪明的办法不是打败对手，而是让对手变成能给自己带来利益的人。

美国钢铁大王卡内基非常善于策略性地处理人际关系。有一次，他为了竞标太平洋铁路公司的卧车合约，与老对手布尔门铁路公司较上了劲。双方志在必得，不断火并价格。照这样下去，将来不论谁争得生意，都赚不到钱。

卡内基明白，这已经不是竞争，而是意气之争，结果对谁都没好处。他认为必须改变做法。

有一天，卡内基在路上偶然与布尔门相遇。布尔门用敌意的眼光瞟了他一眼，准备走开。卡内基却主动迎上去，笑容满面地打招呼。然后，他说："我们能否换一种方式考虑问题，而不是像现在这样互相伤害？"卡尔门也认为这种两败俱伤的做法并不理智，他问卡内基是否有什么新想法。

卡内基说，与其在无利可图的情况下独占生意，不如携起手来，共同赢利。他还建议，双方合股成立一家新公司，一起承接太平洋铁路公司的生意。

布尔门是个爱面子的人，从来不愿在别人的名义下做事。他问："如果我们合作的话，新公司的名称叫什么？"

卡内基一向认为，作为商人，当以求利为本，不能务虚名。何况商场以强者为尊，利来而名自至，用不着争一时之名。他说："公司的名称，当然是'布尔门卧车公司'啦！"

布尔门顿时心动。很快，两人达成了合作协议，并获得太平洋铁路公司的合约。在这笔生意中，他俩都大获其利。

在商场中，有一种极高明的合作方式：竞争式合作。双方看似水火不相容，瞪圆眼睛火并，目的却不是杀垮对方，而是相互激发，相互利用，相互成长，以便共同做大市场，共同占领市场。比如世界两大名牌饮料可口可乐与百事可乐，双方斗了多年，从国内打到国外，从 20 世纪打到 21 世纪，却谁也没有斗垮谁，双方的实力反而越来越壮大。只不过，"混龙闹海，鱼虾遭殃"，相当多的小牌饮料在它们的火并中失去市场，甚至销声匿迹了。

很显然，这种"竞争式合作"比传统的"互损式竞争"更具智慧，效果也更好，正日益被那些有远见的大商人所重视和应用。

从 20 世纪 90 年代开始，我国台湾地区的统一集团和顶新集团在大陆展开了一场轰轰烈烈的方便面大战。

当时，大陆的方便面市场刚呈上升之势，有十几个名气和销路都不错的地方品牌，却没有一个全国叫得响的牌子，呈现出群龙无首的局面。顶新集团瞅准这个空当，强力杀进大陆市场，推出一种价廉物美、汤料香浓的方便面——"康师傅"。

与此同时，顶新集团不惜工本，进行广告轰炸，报刊上、电视上，到处都是"康师傅"的广告。很快，"康师傅"的名声响遍全国，不但迅速占领着市场，也做大了市场——吃方便面的人比以前更多了。

这时，统一集团看到了大陆方便面市场的巨大潜力，也大举杀进。它以"康师傅"为主要竞争对手，却刻意强调自身的特色。"康师傅"走"平民化"路线，"统一面"却以"贵族"身份出现，注重包装的档次和品位。

自此，双方轮番进行广告轰炸，看似双方在激烈交火，实质上挨炸的却是大陆原有的厂家。两强相争，一举垄断了大陆方便面市场。而许多原本很不错的大陆方便面品牌，却自然消失了。

在商场中，对手不是仇人，双方不是非成即败、非存即亡的关系。商场竞争如同拳台竞技，双方有胜有败、打得越激烈，门票越好卖。若是有谁打遍天下无敌手，没有任何悬念了，他将失去比赛机会。商场也是这样，商人依赖对手的存在而存在。没有对手了，意味着这种产品就要被淘汰了。所以，商人不要总是思考如何将坏结果强加给对手，更要考虑如何从对手那里得到好处。

## 跟对方握手言和

在军事教科书中，"不战而屈人之兵"历来被奉为上策。那么，比"不战屈人"更高级的策略是什么呢？把敌人变成朋友。因为这种策略不仅能永绝后患，反而能使自己获得助力。

墨顿先生在一家百货公司买了一套西装，结果这套西装上衣褪色，弄脏了他的衬衫领子。

他再次来到这家百货公司，找到那位店员，表示要退货。店员说："这种西装我们卖出了好几千件，从来没有人要求退货呢！"

墨顿先生很生气。听店员的口气，好像他喜欢惹是生非似的。

这时，第二位店员插话说："所有深色的西装，因为颜色的关系，开始的时候会褪一点颜色，这是没有办法的。这种价钱的西装就是这样。"

"什么？你是说我买的是低级货！"墨顿先生大为光火。

这时，服装部的经理走过来了，说："对不起！既然您对我们的服装不满意，肯定是有道理的。"他又对两位店员说："我们卖给顾客的商品，必须让我们的顾客感到100%的满意。假如顾客不满意，我们就应该设法让他满意。"

墨顿先生的火气平息下来，说："我只要一个公正的回答：这种情形是不是暂时的？有没有什么补救的办法？"

经理建议墨顿先生再穿一个星期试试看，"如果那时候你还不满意，我们给你换一套满意的衣服。"墨顿先生满意地走出那家商店。一星期后，没有什么问题发生，他没有去退货，反而增强了对那家百货店的信心，成了该店的忠实顾客。

兵法上讲，不战而屈人之兵是为上策。在电视里的商战谈判中，胜利的一方总是带有咄咄逼人的气势、滔滔不绝的口才。这就给人造成一定的错觉，认为只有咄咄逼人、语言像炮弹一样的人才是英雄，才能制服对手；但事实上，真正征服对手获得成功的辩论往往是不认真、耐心地听他的诉说。只有这样，才能巧妙地控制他的心。

## 心事不能为对手所知

兵不厌诈，做人做事有时也要善于藏其真，示以假。这无非是为了取悦别人，或为了麻痹对手，或为了蒙蔽舆论，但最终还是为了成就自己的事业。攻其不备，出其不意，此兵家之胜，做人亦如此。

乾兴元年（1022）二月，真宗病逝，仁宗赵祯即位。丁谓继续把持朝政，上欺仁宗，下压群臣，一手遮天，威势赫赫，谁都惧他三分。

丁谓把仁宗孤立起来，不让他和其他的臣僚接近，文武百官只能在正式朝会时见到仁宗。朝会一散，各自回家，谁也不准留下，单独和皇上交谈。

参知政事王曾虽身居副宰相之位，却整天装作迷迷糊糊的憨厚样子。在宰相丁谓面前唯唯诺诺，从不发表与丁谓不同的意见，凡朝中政事，只要丁谓所说，一切顺从，从来不予顶撞反对。朝会散后，他也从不打算撇开丁谓去单独谒见皇上。日子久了，丁谓对他越来越放心，以致毫无戒备。

一天，王曾以一向低眉顺眼的奴才相哭哭啼啼地对丁谓说："我有一件家事不好办，很伤心。"丁谓关心地问他为何事为难。他撒谎说："我从小失去父母，全靠姐姐抚养，得以长大成人，恩情有如父母。老姐姐年已80，只有一个独生子，在军队里当兵。身体弱，受不了当兵的苦，被军校打过好几次屁股。姐姐多次向我哭泣，求我设法免除外甥的兵役……"

丁谓说："这事很容易办吧！你朝会后单独向皇上奏明，只要皇上一点头，不就成了。"

王曾说："我身居执政大臣之位，怎敢为私事去麻烦皇上呢？"

丁谓笑着说："你别书生气了，这有什么不可以的。"王曾还是装作犹豫不决的样子走了。过了几天，丁谓见到王曾，问他为什么不向皇上求情。王曾嗫嚅地说："我不便为外甥的小事而擅自留下……"

丁谓爽快地回答他："没关系，我让你单独留下。"

王曾听了，非常感激，而且还滴了几点眼泪。可是几次朝会散后，仍不曾看到王曾留下求情。丁谓又问王曾："你外甥的问题解决了吗？"

王曾摇摇头，装作很难过的样子："姐姐总向我唠叨没完没了的。我心里也不好受。"说着说着，又要哭了。丁谓一下子起了同情心，一再动员王曾明天朝会后单独留下来，向皇上奏明外甥之事。王曾迟疑了一阵，总算打起精神，答应明天面圣。

第二天大清早，文武百官朝见仁宗和刘太后以后，各自打马回家，只有副宰相王曾请求留下，单独向皇上奏呈。宰相丁谓当即批准他的请求，把他带到太后和仁宗面前，自己退了下去。

王曾一见太后和仁宗，便急忙揭发丁谓的种种罪恶，力言丁谓为人"阴谋诡诈，多智数，变乱在顷刻。太后，陛下若不亟行，不惟臣身粉，恐社稷危矣。"一边说，一边从衣袖里拿出一大沓书面材料，都是丁谓的罪证，王曾早就准备好了的。太后和仁宗听了王曾的揭发，大吃一惊。刘太后心想："我对丁谓这么好，丁谓反要算计我，真是忘恩负义的贼子，太可恨了！"至于仁宗呢？他早就忌恨丁谓专权跋扈，只是畏于太后的权势，不敢出手。今天和王曾沟通了思想，又得到太后的支持，自然不会手软。

王曾在太后和仁宗面前整整谈了两个时辰，直谈到吃午饭的时候还没完。丁谓等在阁门外，见王曾很久不出来，意识到王曾绝不是谈什么外甥服兵役的问题，肯定是谈军国大政。他做贼心虚，急得直跺脚，心想："上当了！"但此时的丁谓已根本没有向皇上和太后辩解的机会，被仁宗一道旨意流放到了偏僻荒凉的崖州。

王曾就是这样，放了几次情真意切的烟幕弹，做怯懦迷糊状，终于赢得丁谓信任，使其放松警惕，以曲折的方式除掉了一个劲敌。

## 以己之静制敌之动

以静制动，即以己之"静"制敌之"动"。静不是绝对静止，而是静观、细察、周密思考，猝遇强敌或突变，常须此计。

"静"这个字，时时刻刻都离不开它。门整天不断的关和开，而户枢却常静止着；漂亮和丑陋的面容天天在镜子前"流连"，而镜子却常常静止着；唯独有"静"才能制动。如果随波逐流，随着动而动，所要做的事就必定没有什么结果。即使在睡觉的时候，假如不保持宁静的心境，所做的梦也会乱七八糟的。

任何盲动不如不动，静，有时比动更有力量。以静制动也要根据具体情况，灵活运用。静观并不等于消极，相反还能造成某种气势，迫使对方就范，而自己便坐收其利。

以静制动的关键是我们要善于观察，于细微处，发现对手破绽，最后攻其要害，达到自己的目的。

清朝康熙年间有一名叫曹福的捕快，由于他长期在衙门担任缉捕盗贼的差役，累积了丰富的经验，难以破获的盗窃大案或人命凶案交给他，很快就能破获，因而曹福很受上级的器重和同事的尊重。

平时闲来无事，曹福就喜欢在外溜达，实际是在观察过往行人的行迹，从中发现可疑之处。

这天，曹福吃罢午饭，又在河堤上游逛。河中船舶如织，南来北往，好一派繁忙景象。这时，一条小舟靠岸了。这是一艘空船，船主将小船的缆绳拴在岸上的一块大石头上，然后就坐在石头上，掏出旱烟抽了起来。

曹福看了一会儿，立刻登上小舟，坐了下来。船主看见有生人上了船，立马跨上船来，催促曹福离开，曹福就是不走。船主说："你不走，我就要解下缆绳开船了。"曹福却笑着说："你开船吧，我愿意与你同行。"

船主还从来没遇到过这样的人，呵斥道："你这人真是岂有此理！为什么赖在我船上不走？"

曹福不紧不慢地说："因为你船上有异物，我要搜查。我是衙门捕快。"

船主听他这样说，走过去揭开舱板，怒气冲冲地对曹福吼道："你搜吧！"曹福也跟着过去一看，舱中空无一物。"这下你该上岸了吧！"船主说道。

谁知曹福并不挪步，继续说道："请把底板打开。"船主坚持不肯。曹福拿起一根铁锤，硬把底板撬开，发现底板下厚厚一层金帛。船主顿时傻了眼。曹福将其扭送衙门，经审讯船主是多年的老贼。

曹福似乎在漫不经心中拿获老贼，人们十分奇怪，问他凭什么发现船上有赃物的呢。曹福笑着说："其实这很简单，我看这船很小，船舱又未装什么货物，但它行驶在河中，风浪却不能使其波动；而船主在拴船缆时，牵拽也很是吃力，故我断定船夹底里一定有重物，一查果然如此。"

又有一次，城外田沟发现了一具尸体。死者不是本地人，像是外地商人，显然是凶手谋财害命。但案发后，凶手已逃之夭夭，县令严令捕快近日拿获凶手。其他捕快经过明察暗访，查不到丝毫线索，十分焦急，都想去请教一下曹福，可是曹福却不见了踪影。经过一番搜寻，大伙才在河堤边的一座茶馆里找到了他。曹福正临窗而坐，一边喝茶，一面注视着河中的情景。

"曹兄，你真有闲情逸致，坐在这儿品茗赏景，我们都急死了。"大伙不无埋怨地说道。

"急什么？来，来！坐下喝杯茶再说。"曹福招呼大家坐下，眼睛却始终不离河面。

大伙儿被他搞得莫名其妙，说道："河里有什么看头，除了船还是船。快给我们想想办法吧。"

正在这时候，河对岸有一艘大船开走了，原来被它遮住的一艘中等船呈现出来。这艘船上晒着一床绸被。曹福注视了一会儿，立刻把桌子一拍："凶犯就在那艘船上面！"

大伙儿来不及细问，都一齐向河边奔去，借了艘小船，很快地划到对岸，连船带人扣了下来，送往衙门。

经过审讯，船主终于招供：一个行商的人坐他的船时，他发现这人带了很多银子，于是起了歹心，夜间乘商人熟睡时把他杀了。然后将尸体抬到岸上，扔在田沟旁。

一桩杀人凶案就这样给破了。事后，大伙儿特地将曹福邀到那座茶馆，请他谈谈怎么就能一眼识别真凶。

曹福呷了一口茶，笑了笑说："干我们这一行的人，一是要累积经验，二是要善于观察。你们当时大概没有看到，那艘船船尾晒着一床新洗的绸被，上面苍蝇群集，这就有问题。大凡人的血沾上衣被等物后，血迹虽然能够洗去，但血腥味却很难一下子除净，所以招来苍蝇。那床绸被上有苍蝇，证明上面一定有血腥味，苍蝇又聚集了那么多，说明血腥味很浓，肯定沾了很多人血。如果不杀人，哪来这么多的人血？这是其一。其二，只要在船上待过，都应知道船家根本不用或极少使用绸被面的。况且，船家再富有，洗被子时也绝不会将绸面拆去而与被里子一同洗晒，而这个船主就将整床绸被子一起洗晒的，这不是盗来的又是什么？就凭这两点，我断定船主就是凶手。"

听到这里，大伙个个点头称是，无不佩服曹福的智慧和经验。

曹福就是凭着自己经验和智慧，静静地观察，以静制动，但同时又从别人的"动"中发现问题所在，抓住凶手。

世间万事，用心为大。